高等职业教育安全保卫专业群规划教材
北京市职业教育分级制改革试验项目成果

安全防范技术应用

主 编 张会芝

中国人民公安大学出版社
·北 京·

图书在版编目（CIP）数据

安全防范技术应用 / 张会芝主编. —北京：中国人民公安大学出版社，2016.9
高等职业教育安全保卫专业群规划教材
ISBN 978 -7 -5653 -2689 -9
Ⅰ.①安… Ⅱ.①张… Ⅲ.①安全装置—电子设备—系统工程—高等职业教育—教材
Ⅳ.①TM925.91
中国版本图书馆 CIP 数据核字（2016）第 206871 号

安全防范技术应用
张会芝　主编

出版发行：中国人民公安大学出版社
地　　址：北京市西城区木樨地南里
邮政编码：100038
印　　刷：涿州市新华印刷有限公司
经　　销：新华书店

版　　次：2016 年 10 月第 1 版
印　　次：2021 年 12 月第 4 次
印　　张：10.25
开　　本：787 毫米 ×1092 毫米　1/16
字　　数：246 千字

书　　号：ISBN 978 -7 -5653 -2689 -9
定　　价：40.00 元

网　　址：www.cppsup.com.cn　　www.porclub.com.cn
电子邮箱：zbs@cppsup.com　　zbs@cppsu.edu.cn

营销中心电话：010 -83903254
读者服务部电话（门市）：010 -83903257
警官读者俱乐部电话（网购、邮购）：010 -83903253
公安业务分社电话：010 -83905672

高等职业教育安全保卫专业群规划教材

编审委员会

安全防范技术应用

主　编： 张会芝

副主编： 黄漫玲　张静怡

撰稿人：（按姓氏笔画排序）

刘春生　陈　瑶　张会芝　张静怡

李梅芳　黄漫玲

序

伴随着世界多极化、经济全球化、文化多样化、社会信息化的深入发展，新一轮科技革命和产业革命蓄势待发，我国国家发展也进入了新的重要战略机遇期。与此同时，国际国内形势也面临诸多风险与挑战，传统安全威胁和非传统安全威胁交织，安全工作成为确保我国在这一深刻变革阶段社会稳定、和谐、进步的重要组成部分。

北京政法职业学院自2004年申办安全保卫专业后，又先后于2009年申办安全防范技术专业，2010年申办消防工程技术专业。在专业建设过程中，紧密贴合区域社会经济发展形势和行业企业人才需求，逐步形成了以国内安全保卫专业为龙头，安防、消防专业为两翼，涵盖三大专业六个专业方向的“一保两防”安保专业群。通过建设国内首个“校政企行”安保职教联盟，建设了国内一流的专业实训基地，培养了一批国际化、专业化、职业化的专业师资团队，建设了涵盖国家级精品课、司法部精品课在内的三大专业特色课程体系。特别是借助北京市教委职业教育“十二五”规划重点建设项目——职业教育分级制改革试验项目，安保专业群的办学理念不断深化、专业特色不断凸显、课程改革不断深入、人才培养质量稳步提升，安保现代职业教育体系雏形初步显现。为及时总结和固化近几年的专业建设和课程改革的成果，我们论证并编写了安保专业群规划教材。该套教材秉承“从职业出发，以学习者为中心”的理念，主要体现了以下特色：

第一，国际视野，对接职业标准。本套教材在内容的编写上，以《保安员国家职业标准》、《保安服务管理条例》等国家规定为依据，对接了注册消防工程师证、建构筑物消防员证、安防设计评估师证、防爆安检证等多个国家职业资格证书的培训和鉴定标准。同时，借助专业群大量的国际交流，特别是与澳大利亚的国际合作办学，引入澳大利亚公共安全与风险管理职业证书标准，使教材的编写保持了国际视野，具有规范的职业标准、较强的实用性和指导性，以期在今后一段时间内，发挥全套教材对国内安保教育与培训领域的辐射引领作用。

第二，校企合作，共同开发。本套教材在编写过程中，始终坚持校企共同开发，紧密对接岗位职责、典型工作任务和用人标准，充分体现课岗结合，将大量企业提供的真实案例充实其中，构建了基于真实工作任务的学习情境，保证了教材内容的实用性、开放性和可操作性。

第三，以人为本，突出能力培养。本套教材整体上均坚持高等职业教育教材的编写要求，即内容的组织与安排均以岗位胜任力的培养和形成规律为依据，融“教、学、做、训、评”为一体，各教学单元模块化、教学内容项目化，普遍适用于采用行动导向教学法的课堂教学，更加符合高职学生的心智特点和职业需要，便于教师在教学实践中使用。

本套教材的编写和出版，得到了北京政法职业学院领导、教务处、相关职业教育研究人员的高度重视和大力支持，得到了中国保安协会、北京保安协会、伟之杰安保集团、华信中安集团、中城卫集团、公安部第一研究所等多位行业专家的指导和帮助，是安全防范系各专业团队同仁们多年研究、实践，拼搏、奋斗而凝聚的成果。中国人民公安大学出版社在教材的策划、编写、版式设计等方面给予了专业的指导和无私的帮助，才使这套教材得以顺利出版。在此，一并表示衷心地感谢！

希望这套教材能够对全国安全保卫专业群各相关专业的建设和改革起到一定的推动作用，能够为相关专业的教师、学生、社会学习者和研究人员提供帮助。由于专业群始终在发展，积淀尚不算深厚，教材的专业水平受到一定局限，定会存在疏漏与错误，敬请行业专家、教育同仁、广大学生及读者朋友不吝赐教、批评指正，共同为我国公共安全职业教育与培训事业贡献力量！

教材编审委员会

2016 年 4 月

前　言

为全面提升教育服务于经济社会发展和人的全面发展的能力，安保管理专业自2011年开始了职业教育分级制改革试验。职业教育分级制度是从职业活动的特点、规律出发，研究职业人才的培养教育规律，构建面向人人、服务终身的教育制度和教育体系。

《安全防范技术应用》是由一批学术水平高、治学作风严谨、教学经验丰富、注重理论联系实际的一线教师经历几年的探索逐步编写而成的。在教材的编写过程中，编者充分借鉴已有的优秀教学科研成果，认真探讨和研究教学内容改革，开发设计了项目化的教学内容，将工作任务转换为学习任务，注重培养学生的社会能力、操作能力和发展能力。具体来讲，本教材具有以下特点：

第一，针对性。本教材结合安保管理岗位的实际，有针对性地将学习内容项目化，将工作任务转化为学习任务，以使学生素质能够更好地满足职业需求。

第二，实用性。安全防范技术应用属于应用性学科，专业性强，知识更新快，实际操作技能要求高。因此，在本教材编写过程中，编者在强调理论的传承与创新的同时，更加注重理论知识对安保工作实践的指导价值，突出应用性和可操作性，设立了"要点小结"、"实训"等版块，以促进学生理论知识和实践技能的双提升。

第三，整体性。本教材注重与安保管理专业的安保人力防范、治安管理、机场安全管理等相关课程的衔接，并请入侵报警系统、视频安防监控系统、出入口控制系统、防爆安检等课程专业教师参加编写和审定，将入侵报警系统、视频安防监控系统、出入口控制系统等多个子系统融于一体，以适应职业教育分工分级制改革的需要。

这本教材作为安保管理专业分级制改革试验项目的成果，是五年来专业教师在教学和科研活动中积累的经验和成果的集中展示。相信这本教材将会对安保管理专业人才的培养发挥积极的作用。书中难免有不当之处，敬请读者指正。

《安全防范技术应用》编写组
2016年9月

目　　录

模块一　概　述

学习目标

1. 了解公共安全体系及其构建意义。
2. 掌握安全防范的基本概念和内涵。
3. 掌握安全防范的三要素及其相互关系。
4. 掌握安全防范技术系统的基本情况。

项目一　公共安全体系及其构成

人类社会在发展的过程中始终伴随着各种风险（发生损失和伤害的可能），这是不可回避的客观现实，而且人类自身的各种活动也在制造风险。因此，安全是我们永远追求的目标，也是社会发展永恒的课题。

目前，我国正处于社会转型期，各地经济发展很不平衡，公共安全的社会基础薄弱，保障条件差，与经济高速发展的矛盾越来越突出，影响着国民经济全面协调、可持续地发展，各种安全隐患经常给人民生命财产安全带来威胁。加强公共安全管理，预防和减少各类灾害、重大生产事故、重大违法犯罪、恐怖事件、外来有毒有害物质和生物入侵、疫病疫情的发生，保持社会稳定和国家安全成为亟待解决的战略任务。

一、安全防范的概念

（一）安全的含义

安全是社会学名词。所谓安全，就是没有危险、不受侵害、不出事故。所谓防范，就是防备、戒备。防备是指做好准备以应付攻击或避免受害；戒备是指防备和保护。

国家标准（GB/T 28001）对“安全”给出的定义是：“免除了不可接受的损害风险的状态。”中国政法大学出版社 2004 年版的《国家安全学》指出，安全是一种状态，即通过持续的危险识别和风险管理过程，将人员伤害或财产损失的风险降低并保持在可接受的水平或其以下。

中文所说的“安全”，在英文中有 Safety 和 Security 两种解释。牛津大学出版的《现代高级英汉双解词典》对 Safety 一词的主体解释是安全、平安、稳妥，保险（锁）、保险（箱）等；而对 Security 一词的主体解释是安全、无危险、无忧虑，提供安全之物，使免除危险或忧虑之物，抵押品、担保品，安全（警察）、安全（部队）等。

中文所讲的“安全”是一种广义的安全，包括两层含义：一是指自然属性或准自然属性的安全，它对应英文中的Safety；二是指社会人文性的安全，即有明显人为属性的安全，它与Security相对应。自然属性或准自然属性的安全被破坏主要不是由人的有目的的参与而造成的；社会人文性破坏，主要是由于人有目的的参与而造成的。因此，广义上讲，安全应该包括Safety和Security两层含义，而我们常常说的安全防范主要是指狭义的安全，即Security，国外通常叫“保安”。

（二）安全防范的含义

综合上述解释，所谓安全防范，是指做好准备和保护，以应付攻击或者避免受害，从而使被保护的对象处于没有危险、不受侵害、不出现事故的安全状态。显而易见，安全是目的，防范是手段，通过防范的手段达到或实现安全的目的就是安全防范的基本内涵。

在西方，不用“安全防范”这个词，而用损失预防和犯罪预防（Loss Prevention&Crime Prevention）这两个概念。就像中文的安全与防范连在一起使用构成一个新的复合词一样，Loss Prevention和Crime Prevention也是连在一起使用的。损失预防与犯罪预防构成了Safety/Security一个问题的两个方面。在国外，Loss Prevention通常是社会保安业的工作重点，而Crime Prevention则是警察执法部门的工作重点。这两者有机地结合，才能保证社会的安定与安全。从这个意义上说，损失预防和犯罪预防就是安全防范的本质内容。两者的关系是：

人或者资产 ←（指向）— 安全技术防范活动 —（指向）→ 安全威胁
（保安：损失预防）　　（公安：犯罪预防）

因此，安全防范既是一项公安业务（警察执法部门），又是一项社会公共事业和社会经济事业。它们的发展和进步，既依赖科学技术的发展和进步，同时又为科学技术的进步与发展提供和创造良好的社会环境。

二、公共安全体系

（一）公共安全体系概述

国家“十二五”发展规划提出，要适应公共安全形势变化的新特点，推动建立主动防控与应急处置相结合、传统方法与现代手段相结合的公共安全体系。公共安全体系的建设具体包括完善统一权威的食品药品安全监管机构，建立最严格的覆盖全过程的监管制度，建立食品原产地可追溯制度和质量标识制度，保障食品药品安全；深化安全生产管理体制改革，建立隐患排查治理体系和安全预防控制体系，遏制重特大安全事故发生；健全防灾、减灾、救灾体制。加强社会治安综合治理，创新立体化社会治安防控体系，依法严密防范和惩治各类违法犯罪活动。

公共安全，是指社会和公民个人从事和进行正常的生活、工作、学习、娱乐和交往所需要的、稳定的外部环境和秩序。公共安全管理，是指国家行政机关为了维护社会的公共安全秩序，保障公民的合法权益，以及社会各项活动的正常进行而采取的各种行政活动的总和。公共安全包括自然灾害、事故灾难、公共卫生事件、社会安全事件等几大类别，涉及信息安全、食品安全、公共卫生安全、公众出行规律安全、避难者行为安全，人员疏散的场地安全，建筑安全，城市生命线安全，恶意、非恶意的人身安全和人员疏散等内容。

大公共安全理念，就是综合安全理念，就是为社会公共安全提供时时安全、处处安全的综合性安全服务。所谓社会公共安全服务保障体系，就是由政府发动、政府组织和社会各界（绝不是公安部一家，更不是公安部执法部门内部的某一机构）联合实施的综合安全系统工程（包括硬件、软件）和管理服务体系。公众所需要的综合安全，不仅包括以防盗、防劫、防入侵、防破坏为主要内容的狭义“安全防范”，而且包括防火安全、交通安全、通信安全、信息安全以及人体防护、医疗救助、防煤气泄漏等诸多内容。

安全体系就是建立一个（相对）可预测的环境，以实现不受损失的情况下达到安全目标。理论上讲，在人类的各种活动中，没有损失、不受伤害是不可能的。人们为实现安全付出大量的牺牲和投入，并且可能降低原来的目标或放弃其他的目标。因而，安全体系的目标就是减小风险、减少损失到可以容忍的程度，以合理的投入（如损失或牺牲）来实现安全。

（二）公共安全体系的构成

针对不同的威胁所建立的安全体系不同，但它们的基本内容是相同的。公共安全体系就是在这些共同内容的基础上，进行资源的整合和共享（不是集中），构成一个统一的平台，提供一个基础环境；其既保证统一的协调、调度和指挥，又充分体现各部门的特殊性和专业的要求。预防和减灾是安全体系的基本要素和主要内容。无论是自然灾害防治、生产安全管理、职业病防治，还是反恐防暴和安全防范工作都是围绕这两个要素进行的。这也是建立公共（综合）安全体系的基础。

完整的公共安全体系架构应当包括预警系统、预防系统、应急反应体系、评价和标准及法制建设和宣传教育等。

1. 预警系统。预警系统的核心是建立通畅的信息采集渠道，科学的处理、分析模型和权威的决策机制。其具体是：通过对社情、敌情、民意及各种社会动态、不同利益集团间关系的掌控和分析，对社会、经济运行的各种参数及稳定程度的监测、分析和评价，发现和预测可能出现的风险及各种矛盾的表现形式；通过对地质、水文、气象、海洋、空气、水质和疾病流行状况的各种参数的监测，发现可能出现的异常现象及其演变的趋势，预报灾害发生的可能和程度；通过对生产环境和生产设备的状态和参数的探测和监控，及时地发现危害安全生产的因素，预报事故发生的可能；对重要部门和重要场合（高风险部位）采用安全防范措施、使用安全检查设备，及时地发现入侵活动和违禁物品的存在，预防和制止恐怖事件和各种治安事件的发生。

预警系统除了上述的探测、信息采集和分析处理、决策系统外，重要的还有信息发布机制，即以什么形式表示风险的等级与预测的准确性、有效性，以何种形式向公众发布，这些都是非常重要的事情，它涉及公众的知情权和权威部门的公信力，与反应（专业机构的行动、公众自主的行动及两者的协调、配合）的有效性有密切的关系，是需要深入研究的问题。

预警可分为长期、短期和紧急预警。长期和短期预警可以为反应（行动）留有相对充裕的时间，是警示性的，其准确性可以相对低一些。紧急预警则是对发生概率极高的事件的报警或已发生的灾害的报警。通常它要求立即响应，启动应急反应系统。显然，上述两种预警会导致两种安全体系架构：预防体系和应急反应体系。

2. 预防系统。它是安全体系的基础，是决定社会整体防灾能力的最重要的部分。预防主要是针对可以准确预测或预警后有较充分反应时间的威胁，通过稳定（相对固定）的设施和手段，有明确目标（设定的）的防范。其具体包括基础设施的加固（建筑物的抗震、城市规划的避灾），避灾场所和设施的规划和建设；防灾设施（防洪、防火设施）的建设；城市基础设施（能源、水源的控制）的保护，社会服务系统（通信、广播）的保卫；高风险部位（政府、城市、行业的标志性建筑，机场、车站、大型活动等人流、物流密集的场所）的安全防范；生产安全设施的建设和劳动保护以及传染性疾病的防治和控制等。安全理论将这些措施称为系统加固。

加固技术特别是针对特殊威胁的加固技术（设备、方法、设施）是安全技术研究的主要内容。建立预警系统也是一种加固措施，应急反应则是一种临时性加固措施。

预防是个综合的概念，不仅是技术上的事，还涉及社会的各个部门和各个方面。我国的社会治安综合治理就是一个完整的预防体系（针对治安事件的）。

系统加固是长期的、持之以恒的事，要求大家（特别是执政者）具有风险意识，要坚持“安全第一”的方针，坚持建设与安全（设施）、生产与安全（系统）同时规划、同时施工、同时使用的原则。

3. 应急反应体系。安全系统必须具有迅速反应和控制灾害、事故、事件的能力。显然它是针对紧急报警而言的，它所针对的威胁是不确定的（类型、地点、时间），目标是变化的。应急反应要能有效地控制事态，使其向利于安全的方向转化，要最大限度地减小损失和不良影响。

应急反应系统包括应急反应机制和应急反应的技术支持两部分。所谓应急反应机制，是指在处置紧急事件时，社会各部门的运行方式、协同关系、人力和资源的配置，物资储备和调用，应急预案的制订和启动，现场指挥和决策及平时的管理和演练。应急是高风险、低概率的行动，为保证其有效性，必须时刻做好充分的准备并建立对各种事件（灾害、事故、事件）事发时详尽的应对预案，如严重自然灾害的紧急求援和减灾，重大活动（奥运会、世博会）的安全保卫，劫机、劫持人质及群体事件的紧急处置等。

应急反应必须有充分的技术支持，包括通信指挥、定位、探测（针对危险品、生命）监控等技术系统，交通、排险、破拆、生命救助、危险物品处置等装备器材及行动人员的武器和防护装备等。应急反应的有效性是与紧急报警（预警）有密切关系的，通常应急反应的指挥系统与报警系统是集为一体的。

要保证反应的有效，必须有足够的技术支持（设备、器材配备），并保证它的时效性，但又要避免过于闲置、资源浪费。因此，进行总体的规划和资源配置，既能满足各部门的（有所差异的）安全要求，又能做到统一指挥、资源共享、共同行动和相互协调是必要的。

我国国务院发布的《国家突发公共事件总体应急预案》（以下简称《总体预案》）

是全国应急预案体系的总纲，《总体预案》共6章，分别为总则、组织体系、运行机制、应急保障、监督管理和附则。在《总体预案》中，明确提出了应对各类突发公共事件的六条工作原则，即以人为本，减少危害；居安思危，预防为主；统一领导，分级负责；依法规范，加强管理；快速反应，协同应对；依靠科技，提高素质。

《总体预案》将突发公共事件分为自然灾害、事故灾难、公共卫生事件、社会安全事件四类。按照各类突发公共事件的性质、严重程度、可控性和影响范围等因素，《总体预案》将其分为四级，即Ⅰ级（特别重大）、Ⅱ级（重大）、Ⅲ级（较大）和Ⅳ级（一般）。国务院各有关部门编制了国家专项预案和部门预案；全国各省、自治区、直辖市建立了省级突发公共事件总体应急预案；许多市（地）、县（市）以及企事业单位也制订了应急预案。

4. 评价和标准。安全系统的评价与相关的技术标准是安全技术的基础工作，评估（风险、灾害程度）和评价（技术、系统、效果、价值）是建设安全体系的重要环节。而评估和评价的依据是标准。因此，要加强安全技术（产品）、安全管理、安全服务等各方面标准的研究和制定工作，保证公共安全体系建设的科学化、规范化。

必须强调的是，在安全体系中评价是多方面的，包括风险的评估、反应的效果、系统运行的有效性以及具体产品、技术、工程的评价等。在这方面我们国家做得很不够，较多地注重产品、工程的评价，忽略了前几种涉及安全系统实效性的评价。如我们讲安防服务业，那么，它的产品形态是什么，质量标准是什么，出现争议如何进行仲裁（也是一种评价）。明确了这些，行业才能正常运行。基础工作是制定相应的标准和评价方法，但在这方面我们基本上没有做。

安全产品和技术标准的完善和提高对促进我国安全技术的自主创新、保护自主知识产权、提高市场竞争力和保护我国的安全技术市场是非常重要的，这方面我们已经吃过不少亏。特别是安防技术，基本上没有自主的知识产权，这与安防行业的基础条件和发展过程有关，与技术标准的落后也有密切的关系，现在，我们还是先有产品后有标准，而不是标准先行，通过标准引导创新并保护自己的知识产权。

5. 法制建设和宣传教育。公共安全体系的建设必须在法律的框架下进行，要有相应的法律、法规体系作为保障和支持。在这方面有些行业、部门做得较好，有些则很差，很多活动缺少法律的依据。

公共安全体系的运行特别是应急系统启动时，许多活动会超越平常的规则，如“非典”期间，如果没有相应的法律、法规支持，其行动的有效性和效率就会受到限制，因为紧急不等于乱来，超越常规不是没有限度。因此，要加强应对各种危机的战略、政策的研究并制定相应的法律、法规，使安全走上法制化的道路，使安全体系的运行更为有效。

通过媒体的宣传提高信息的透明度和可信度，提高公民的防灾意识，增长公民的防灾知识是十分重要的工作，要使公众能处乱不惊、处险不惊，具有足够的公德精神和自救、救人的能力，倡导以人为本、保护环境、与自然和谐的发展观和健康文明的生活方式。它是提高公共安全系统的效率、减小灾害损失的重要环节。许多发达国家把防灾知识、自救方法列入基本教育的内容，是值得我们学习的经验。

项目二　安全防范及安全防范技术

一、安全防范的手段和要素

(一) 安全防范的手段

安全防范就防范手段而言，现在比较统一的认识有三种：分别是人力防范（简称为人防)、物理防范（简称为物防)、技术防范（简称为技防)。根据《安全防范工程技术规范》(GB 50348—2004)，这些防范手段的定义分别是：

1. 人力防范（Personnel Protection)。人力防范是指执行安全防范任务的具有相应素质人员和/或人员群体的一种有组织的防范行为（包括人、组织和管理等)。

人力防范是安全防范的基础。传统的人防，是指在安全防范工作中人的自然能力的展现，即利用人体感官进行探测并做出反应，通过人体体能的发挥推迟和制止风险事件发生，比如通过眼、耳等感官进行探测，发现妨碍或破坏安全的目标，做出反应。现代的人防，是指执行安全防范任务时具有相应素质的人员和/或人员群体的一种有组织的防范行为，包括高素质人员的培养、先进自卫设备的配置以及人员的组织与管理等。

2. 物理防范（Physical Protection)。物理防范，是指用于安全防范目的、能延迟风险事件发生的各种实体防护手段（包括建筑物、屏障、器具、设备、系统等)。这些实体防范设施的主要作用是推迟危险的发生，为“反应”提供足够的时间，其功能的强弱主要以推迟作案的时间衡量。实际应用中安装坚固的防盗门、构筑围墙、挖掘壕沟等都是物防的体现。

随着物质条件的逐步改善，物理防范已经不止于起到简单的物质屏障作用，而是逐渐融合了更多的科技手段，增加了更强的防破坏功能，或者是增强了探测与反应功能，包括实用和美学视觉效果等。

3. 技术防范（Technical Protection)。技术防范，是指利用各种电子信息设备组成系统和/或网络以提高探测、延迟、反应能力和防护功能的安全防范手段。

技术防范是对人防和物防手段的补充和延伸。技防是近代科学技术用于安全防范领域并逐渐形成的一种独立的在防范过程中所产生的一种新的防范概念。由于现代科学技术的不断发展和普及应用，技术防范的概念也越来越普及，越来越为执法部门和社会公众所认可和接受，从而成为使用频率很高的一个新词语。技术防范的内容也随着科学技术的进步而不断更新，在科学技术迅猛发展的当今时代，可以说几乎所有的高新技术都将或迟或早地被移植、应用于安全防范工作中。因此，技术防范在安全防范中的地位和作用将越来越重要，它已经带来了安全防范的一次新的革命。

2000 年 9 月 1 日施行的《安全技术防范产品管理办法》（公安部第 12 号令）将我国的安全技术防范产品分为 10 类：入侵探测器、防盗报警控制器、汽车防盗报警系统、报警系统出入口控制设备、防盗保险柜（箱)、机械防盗锁、楼宇对讲（可视）系统、防盗安全门、防弹复合玻璃、报警系统视频监控设备。

4. 人防、物防、技防的相互关系。一个完善的社会化的安全防范体系是指人防、物防、技防的有机结合。技术防范的功效就是高效、快速地侦测犯罪的倾向和目的；实体防范的目的是有效地阻滞、延缓犯罪时间；人力防范的目的则是制止和打击犯罪。

人防往往受到时间、地域和人的素质、精力等因素的影响，难免会存在一些治安死角，出现防范的漏洞和失误，造成不应有的损失。将技防运用于协助人防，才能形成一个严密的人机相结合的安全防范体系，而如何将人防、物防、技防三个环节相互作用、相互交叉，三者有机结合实现有效地预防和打击犯罪，是安全保卫部门面临的紧迫任务，也是进行社会治安综合治理的目标。

（二）安全防范的要素

安全防范的三个基本要素是探测（Detection）、延迟（Delay）、反应（Response）。

探测，是指感知显性或/和隐性风险事件的发生并发出报警。

延迟，是指延长或/和推迟风险事件发生的进程。

反应，是指组织力量为制止风险事件的发生所采取的快速行动。

探测、延迟和反应三个基本要素之间的关系是相互联系、缺一不可的。一方面，探测要准确无误，延迟时间长短要合适，反应要迅速；另一方面，反应的总时间，应小于（至多等于）延迟与探测的时间差，即 $T_{反应} \leq T_{延迟} - T_{探测}$。

在安全防范的三种基本手段中，实现防范的最终目的都要围绕探测、延迟、反应这三个基本防范要素开展工作、采取措施，以预防和阻止风险事件的发生。

二、安全防范技术

（一）安全防范技术的种类

安全防范技术是电子信息技术、新材料等高新技术在安全防范领域中的应用，主要是指在技防和物防中运用的技术。在国外，安全防范技术通常分为三大类，即物理防范技术（Physical Protection）、电子防范技术（Electronic Protection）和生物统计学防范技术（Biometric Protection）。这里的物理防范技术，主要是指实体防范技术，如建筑物和实体屏障以及与其相配套的各种实物设施、设备和产品（如各种门、窗、柜、锁具等）。电子防护技术，主要是指应用于安全防范的电子、通信、计算机与信息处理及其相关技术，如电子报警技术、视频监控技术、出入口控制技术、计算机网络技术以及与其相关的各种软件、系统工程等。生物统计学防范技术，是法庭科学的物证鉴定技术和安全防范技术的模式识别技术相结合的产物，它是利用人体的生物学特征进行安全防范的一种特殊技术门类，现在应用较广的有指纹、掌纹、眼纹、声纹等识别控制技术。

安全防范技术包含了电子技术、传感技术、通信技术、生物统计、计算机技术等，是多学科、多专业交叉融合的综合性应用技术，已经发展成为专门的公共安全技术学科，其围绕防入侵、防被盗、防破坏、防火、防爆和安全检查等工作任务，很好地实现了维护社会公共安全的目的。

（二）安全防范技术的内容

根据我国安全防范行业的技术现状和未来发展趋势，随着社会科学技术的发展，安全防范技术的内容会越来越丰富。按照学科专业、产品属性和应用领域的不同，安全防范技术现有的内容包括以下十个方面：

1. 入侵探测与防盗报警技术。
2. 视频监控技术。
3. 出入口目标识别与控制技术。
4. 报警信息传输技术。
5. 移动目标反劫、防盗报警技术。
6. 社区安防与社会救助应急报警技术。
7. 实体防护技术。
8. 防爆安检技术。
9. 安全防范网络与系统集成技术。
10. 安全防范工程设计与施工技术。

根据我国各部门任务的分工情况，将入侵防盗报警、防火、防爆以及安全检查技术统称为社会公共安全技术防范。而国际上，国际电工委员会 IEC－TC 79 报警系统技术委员会（其是国际性的专业标准化组织）按其制定修订标准的任务分设了十二个工作小组。其中：

79.1　报警系统的一般要求；
79.2　入侵和抢劫报警系统；
79.3　火灾报警系统；
79.4　社会报警系统；
79.5　传输报警系统；
79.6　术语；
79.7　屏幕用途报警系统；
79.8　环境报警系统；
79.9　技术报警系统；
79.10　运输报警系统；
79.11　防商品行窃报警系统；
79.12　入口控制系统。

在 1979 年的全国技术预防专业会议上曾将防盗报警技术方面的内容和公安机关在这方面的工作称为技术预防。为了更准确地反映该技术领域的内容和实质，并便于和相应的国际标准化组织加强技术信息交流和联系，同时也与 1987 年国家标准局批准公安部成立的“全国安全防范报警系统标准化技术委员会”的名称相一致，将入侵防盗报警、防火、防爆及安全检查技术领域称为“安全技术防范”。全国安全防范报警系统标准化技术委员会（简称全国安防标委会，代号为 SAC/TC 100）逐步成立了四个专业标准化分技术委员会，负责修订该领域国内标准的工作。

1. 防盗报警设备及其系统专业标准化分技术委员会。
2. 防火报警设备及其系统专业标准化分技术委员会。
3. 防爆及安全检查设备及系统专业标准化分技术委员会。
4. 安全防范工程系统专业化分技术委员会。

三、安全防范技术系统

在许多著作和文献中，安全防范技术系统可以理解为用于安全防范工作的专门技术系统，安全防范也常常特指技防体系。

根据《安全防范工程技术规范》（GB 50384—2004），安全防范技术系统（SPS，Security & Protection System），就是以维护社会公共安全为目的，运用安全防范产品和其他相关产品所构成的入侵报警系统、视频安防监控系统、出入口控制系统、防爆安全检查系统等，或者由这些系统为子系统组合或集成的电子系统或网络。

安全防范技术在社会治安防控体系中占有极其重要的地位，支撑着社会治安防控网络，也是根据新形势下人员流动治安动态化、复杂化的特点，控制好城市治安的需要。在安全防范技术系统中，不管是防盗反劫报警系统、视频监控系统，还是出入口控制系统，都具有安全信息的获取、传递、处理和控制功能，利用这些技术系统，可以及时发现犯罪活动并发出报警，把隐蔽进行的犯罪活动暴露在光天化日之下，并可以解人之不能、补人之不足，在很大程度上提高发现能力。在现代化技术高度发展的今天，犯罪更趋智能化、手段更隐蔽，现代化的安防技术成了安全防范体系中的重要组成内容。常见的技术系统包括以下六方面：

（一）入侵报警系统（IAS，Intruder Alarm System）

入侵报警系统是利用传感器技术和电子信息技术探测并指示非法进入或试图非法进入设防区域（包括主观判断面临被劫持或遭抢劫或其他紧急情况时故意触发紧急报警装置）的行为、处理报警信息、发出报警信息的电子系统或网络。一个典型的入侵报警系统由入侵探测器、传输信道和报警控制器三部分构成。入侵报警系统的前端设备是各种类型的入侵探测器，传输的方式通常分为有线传输和无线传输，有线传输又可以采用专用线传输、借用线传输等方式；系统的终端显示、控制、设备通信可通过报警控制器实现，也可设置报警中心控制台。

（二）视频安防监控系统（VSCS，Video Surveillance & Control System）

视频安防监控系统是利用视频探测技术、监视设防区域并实时显示、记录现场图像的电子系统或网络。具体是通过光纤、同轴电缆或微波在其闭合的环路内传输视频信号，包括从摄像到图像显示和记录构成独立完整的系统，由前端设备、传输设备、处理/控制设备和记录/显示设备等组成。它能实时、形象、真实地反映被监控对象，不但极大地延长了人眼的观察距离，而且扩大了人眼的机能，它可以在恶劣的环境下代替人工进行长时间监视，让人能够看到被监视现场实际发生的一切情况，并通过录像机记录下来。

（三）出入口控制系统（ACS，Access Control System）

出入口控制系统是利用自定义符识别或/和模式识别技术对出入口目标进行识别并控制出入口执行机构启闭的电子系统或网络。出入口控制系统主要由识读部分、传输部分、管理/控制部分和执行部分以及相应的系统软件组成。按硬件构成模式可分为一体型、分体型；按管理/控制方式可分为独立控制型、联网控制型、数据载体传输控制型等。在设计上，出入口控制系统应能独立运行，并应能与电子巡查、入侵报警、视频安防监控等系统联动，宜与安全防范系统的监控中心联网。

（四）电子巡查系统（GTS，Guard Tour System）

电子巡查系统是对保安巡查人员的巡查路线、方式及过程进行管理和控制的电子系统。在安防技术界和智能建筑界，通常将该系统称为“巡更系统”。管理者可以通过该系统考察巡更者是否在指定时间按巡更路线到达指定地点，从而了解巡更人员的巡查情况，而且管理人员可通过软件随时更改巡逻路线，以配合不同场合的需要。一般分为离线式和在线式两种。

（五）停车场管理系统（PLMS，Parking Lots Management System）

停车场管理系统是对进出停车库（场）的车辆进行自动登录、监控和管理的电子系统或网络。

该管理系统是通过计算机、网络设备、车道管理设备搭建的一套对停车场车辆出入、场内车流引导、收取停车费进行管理的网络系统。它通过采集记录车辆出入记录、场内位置，实现对车辆出入和场内车辆的动态和静态的综合管理。停车场管理系统一般以射频感应卡为载体，通过感应卡记录车辆进出信息，通过管理软件完成收费策略实现、收费账务管理、车道设备控制等功能。

将停车库（场）管理系统作为安全防范系统的一个子系统是安防技术界和智能建筑界在多年实践中达成的一种共识。“车辆”作为移动目标的一个代表，其安全防范工作已被纳入“技术防范”的对象之中。这样做有利于社会治安的稳定和公民人身财产的安全。

（六）防爆安全检查系统（SISA，Security Inspection System for Anti - explosion）

防爆安全检查系统是检查有关人员、行李、货物是否携带爆炸物、武器和/或其他违禁品的电子设备系统或网络。安全检查的内容主要是检查旅客及其行李物品中是否携带枪支、弹药、易爆、腐蚀、有毒放射性等危险物品，排查安全隐患，以保障公众安全。该方面以边防、海关检查最为典型。

总之，安全防范技术涉及社会的方方面面。社会上的重要单位和要害部门，如党政机关、军事设施、国家的动力系统、广播电视、通信系统、国家重点文物单位、银行、仓库、百货大楼等，这些单位的安全保卫工作极为重要，所以也是安全防范技术工作的重点。安全防范技术的器材、设备以及由其组成的系统能对入侵者做到快速反应，并及时发现和抓获犯罪嫌疑人，对犯罪分子具有强大的威慑作用，同时又能及时发现事故隐患、预防破坏、减少事故和预防火灾，所以它是公安及安全保卫工作中很重要的预防手段。

四、安全防范技术系统的应用

安全防范（系统）工程是为了维护社会公共安全，综合运用安全防范技术和其他科学技术建立的具有防入侵、防盗窃、防抢劫、防破坏、防爆安全检查等功能（或其组合）的系统工程。各种电子信息产品或网络产品组成的安全防范技术系统（如入侵报警系统、视频安防监控系统、出入口控制系统等），通常是以建筑物为载体的，但它在本质上又有别于传统的土木建筑（结构）工程，属于电子系统工程的范畴。

《安全防范工程技术规范》（GB 50348—2004）是安全防范工程建设的基础性通用标准，是保证安全防范工程建设质量，维护国家、集体和个人财产与生命安全的重要技术措施，其属性为强制性国家标准。主要内容包括总则、术语、安全防范工程设计、高风险对象的安全防范工程设计、普通风险对象的安全防范工程设计、安全防范工程施工、安全防范工程检验、安全防范工程验收。目前，国家颁布的与其配套制定的规范有《入侵报警系统工程设计规范》（GB 50394—2007）、《视频安防监控系统工程设计规范》（GB 50395—2007）、《出入口控制系统工程设计规范》（GB 50396—2007）。

为了实现安全防范的目标，突出“技术防范”在整个安全防范系统的实际应用价值，体现对犯罪行为的预警、威慑、制止以及在刑事侦破工作中的案件资料倒查等记录佐证作用，安全防范技术可能被单独使用，也可能是多种技术、设备、系统工程的综合（集成化）运用。无论安防技术系统是否复杂庞大，从损失预防、犯罪预防的角度出发，安全防范工作应当遵循的基本理念至少表现为如下方面。

（一）风险等级（Level of Risk）与防护级别（Level of Protection）

风险等级是指存在于防护对象本身及其周围的对其构成安全威胁的程度。防护级别是指为保障防护对象的安全所采取的防范措施的水平。而安全防护水平，则是指风险等级被防护级别所覆盖的程度，它是对前两者的综合评价与定性概念。在安防实践中，需要在系统运行一定时期（如一年、两年）后才能对其防范效果做出综合评价，所涉及的因素较多（包括人防、物防、技防及其他方面），需要建立一个比较科学、比较完备的评价体系。

《安全防范工程技术规范》（GB 50438—2004）中关于“高风险防护对象”安防工程设计的特殊要求主要针对的是文物保护单位和博物馆、银行营业场所、重要物资储存库、民用机场、铁路车站等五类。这些高风险防护对象的情况虽然千差万别，但仍有共同之处，因此，对其风险等级和防护级别均统一划分为三个等级。需要注意的是，《安全防范工程技术规范》所涉及的五类高风险防护对象并不是高风险对象的全部。

1. 治安保卫重点单位。《企业事业单位内部治安保卫条例》（中华人民共和国国务院第421号令）第13条规定，关系全国或者所在地区国计民生、国家安全和公共安全的单位是治安保卫重点单位。治安保卫重点单位由县级以上地方各级人民政府公安机关按照下列范围提出，报本级人民政府确定：

（1）广播电台、电视台、通讯社等重要新闻单位；

（2）机场、港口、大型车站等重要交通枢纽；

（3）国防科技工业重要产品的研制、生产单位；

（4）电信、邮政、金融单位；

（5）大型能源动力设施、水利设施和城市水、电、燃气、热力供应设施；

（5）大型物资储备单位和大型商贸中心；

（7）教育、科研、医疗单位和大型文化、体育场所；

（8）博物馆、档案馆和重点文物保护单位；

（9）研制、生产、销售、储存危险物品或者实验、保藏传染性菌种、毒种的单位；

（10）国家重点建设工程单位；

（11）其他需要列为治安保卫重点的单位。

治安保卫重点单位应遵守本条例对单位治安保卫工作的一般规定和对治安保卫重点单位的特别规定。

上述十一类治安保卫重点单位中，第6、第7、第11类均与《安全防范工程技术规范》所界定的普通风险对象有关。因此，《安全防范工程技术规范》中所称的某些普通风险对象也可能属于治安保卫重点单位的范围，其安全防范工程也应按高风险对象实施；普通风险对象的安防工程设计应根据实际情况区别对待。治安保卫重点单位应当确定本单位的治安保卫重要部位，按照有关国家标准对重要部位设置必要的技术防范设施，并实施重点保护。

2.《安全防范工程技术规范》中关于风险单位及其等级具体划分的相关规定及说明。

防护对象风险等级的划分应遵循下列原则：根据被防护对象自身的价值、数量及其周围的环境等因素，判定被防护对象受到威胁或承受风险的程度。

防护对象的选择可以是单位、部位（建筑物内外的某个空间）和具体的实物目标。不同类型的防护对象，对其风险等级的划分可采用不同的判定模式。

防护对象的风险等级分为三级，按风险由大到小定为一级风险、二级风险和三级风险。安全防范系统的防护级别应与防护对象的风险等级相适应。防护级别共分为三级，按其防护能力由高到低定为一级防护、二级防护和三级防护。适用于文物保护单位和博物馆、银行营业场所、民用机场、铁路车站和重要物资储存库等五类特殊对象的风险等级及其所需的防护级别。

高风险对象的风险等级与防护级别的确定应符合下列规定：文物保护单位、博物馆风险等级和防护级别的划分按照《文物系统博物馆风险等级和防护级别的规定》GA27执行；银行营业场所风险等级和防护级别的划分按照《银行营业场所风险等级和防护级别的规定》GA38 执行；重要物资储存库风险等级和防护级别根据国家的法律、法规和公安部与相关行政主管部门共同制定的规章，并按照《安全防范工程技术规范》4.1.1 条的原则进行确定；民用机场风险等级和防护级别遵照中华人民共和国民用航空局和公安部的有关管理规章，根据国内各民用机场的性质、规模、功能进行确定，并符合表1－1 的规定。

表1－1　民用机场风险等级与防护级别

风险等级	机场	防护级别
一级	国家规定的中国对外开放一类口岸的国际机场及安防要求特殊的机场	一级
二级	除定为一级风险以外的其他省会城市国际机场	二级或二级以上
三级	其他机场	三级或三级以上

铁路车站的风险等级和防护级别遵照国家有关管理规章，根据国内各铁路车站的性质、规模、功能进行确定，并符合表1－2 的规定。

表 1-2　铁路车站风险等级与防护级别

风险等级	铁路车站	防护级别
一级	特大型旅客车站、既有客货运特等站及安防要求特殊的车站	一级
二级	大型旅客车站、既有客货运一等站、特等编组站、特等货运站	二级
三级	中型旅客车站（最高聚集人数不少于 600 人）、既有客货运二等站、一等编组站、一等货运站	三级

注：表中铁路车站以外的其他车站防护级别可为三级。

此外，银行金融系统的安全防范，应当参照《银行营业场所安全防范工程设计规范》GB/T16676-1996 与《银行营业场所风险等级和防护级别的规定》GA38-2004 等国家标准。以上两者共同完善了银行营业场所如何划分风险等级、对不同风险等级的银行营业场所应采取的相应的防护措施的级别、不同防护级别的银行营业场所安全防范工程设计中的主要技术要求；同时也对重点目标，如银行客户用于自助服务、存有现金的自动柜员机（ATM）、现金存款机（CDS）、现金存取款机（CRS）等机具设备，以及对使用以上设备组成的自助银行规定了应采取的相应防护措施。

按照银行业务的风险程度应将营业场所不同区域划分为高度、中度、低度三级风险区。高度风险区主要是指涉及现金（本、外币）支付交易的区域，如存款业务区、运钞交接区、现金业务库区及枪弹库房区、保管箱库房区、监控中心（监控室）等；中度风险区主要是指涉及银行票据交易的区域，如结算业务区、贴现业务区、债券交易区、中间业务区等；低度风险区是指经营其他较小风险业务的区域，如客户活动区等。根据实际情况和业务发展，建设单位可提高业务区的风险等级和防护级别。

营业场所的高度、中度、低度三级风险区是交叉分散的，各区间有的有通道连接，在设计时，对重要通道也应采取防范措施，同时也要根据实际情况和业务发展适当调整业务区的风险划分。运钞交接区一般是指运钞部门与营业场所交接现金尾箱的区域。现金业务库区是指现金业务库房外的区域，库房的安全防范建设应按照其他标准执行。

（二）坚持纵深防护和均衡防护的理念

纵深防护（Longitudinal-depth Protection）是根据被防护对象所处的环境条件和安全管理的要求，对整个防范区域实施由外到里或由里到外层层设防的防护措施。纵深防护分为整体纵深防护和局部纵深防护两种类型。

均衡防护（Balanced Protection）是指安全防范系统各部分的安全防护水平基本一致，无明显薄弱环节或“瓶颈”。

根据《安全防范工程技术规范》要求，一个完善的纵深防护体系是应当兼有周界、监视区、防护区和禁区的防护体系。其作用是提早发现入侵行为，延缓入侵时间，为处置人员的快速反应争取时间。

（三）坚持贯彻人防、物防与技防相结合的原则

“人防、物防、技防相结合”“打防并举、以防为主”是我国社会治安综合治理的总方针。《安全防范工程技术规范》虽然是技术规范，但在整个规范中都始终强调了物防、人防的重要性，贯彻了“人防、物防、技防相结合”的方针。此外，无数实践证

明，安全保卫工作中的人力防范和安全管理的作用毋庸置疑，而在技术系统的设计中坚持探测、延迟、反应相协调的原则则是技防系统保持可靠性、有效性的关键。

要点小结

安全防范，是指做好准备和保护，以应付攻击或者避免受害，从而使被保护对象处于没有危险、不受侵害、不出现事故的安全状态。通过防范的手段达到或实现安全的目的，就是安全防范的基本内涵。在西方，损失预防和犯罪预防是安全防范的本质内涵。当今中国的安全防范既是一项公安业务（警察执法部门），又是一项社会公共事业和社会经济事业。

主动防控与应急处置相结合、传统方法与现代手段相结合的公共安全体系架构，包括预警系统、预防系统、应急反应体系、评价和标准、法制建设和宣传教育等。

安全防范作为社会公共安全的一部分，就防范手段而言现在比较统一的认识有三种，分别是人力防范（简称为人防）、物理防范（简称为物防）、技术防范（简称为技防）。其中，技防是指利用各种电子信息设备组成系统和/或网络以提高探测、延迟、反应能力和防护功能的安全防范手段，其可以实现高效、快速地侦测犯罪的倾向及目的，是对人防和物防手段的补充和延伸。一个完善的社会化的安全防范体系就是指人防、物防、技防的有机结合，而实现防范的最终目的都要围绕探测、延迟、反应这三个基本防范要素开展工作、采取措施，才能更好地实现预防和阻止风险事件的发生。

安全防范技术应用是技术防范的关键。电子技术、传感技术、通信技术、生物统计、计算机技术等一系列技术内容被应用在安全防范领域中，形成了多学科、多专业交叉融合的综合性应用技术，并形成了专门的公共安全技术学科。

安全防范技术系统常常表现为安全防范（系统）工程。该系统将安全防范技术和其他科学技术综合运用，成为具备防入侵、防盗窃、防抢劫、防破坏、防爆安全检查等功能（或其组合）的系统工程。其中，风险等级和防护级别是构建完善的安全防范工程过程中需着重考虑的两个重要设计前提，两者之间的相适应程度关系到该项目的安全防护水平，与系统的有效性、可靠性等共同实现安全防范的实际效能。此外，均衡防护与纵深防护的理念尤其重要，一个完善的纵深防护体系是应当兼有周界、监视区、防护区和禁区的防护体系。

模块二　入侵报警系统的应用

学习目标

1. 了解入侵报警系统的基本概念、应用现状及发展趋势。
2. 掌握各类入侵探测器的原理、性能及适用场合。
3. 学会使用说明书对入侵探测器及报警控制器进行设置。
4. 熟练使用报警控制器对各防区进行布/撤防，熟悉各项功能的编程。
5. 了解入侵报警系统的设计、施工、测试及验收技术。

项目一　入侵报警系统概述

入侵报警系统，是安全防范系统的主要组成部分，其基本功能是（针对入侵活动）进行探测。当入侵报警系统运行时，只要有入侵行为出现，系统就能发出报警信号。入侵报警系统与视频安防监控系统、出入口控制系统、防爆安全检查系统等构成了安全防范综合系统。

一、入侵报警系统的组成

入侵报警系统是指利用传感器技术和电子信息技术，探测并指示非法进入或试图非法进入设防区域（包括主观判断面临被劫持或遭抢劫或其他危急情况时故意触发紧急报警装置）的行为，处理报警信息，并发出报警的电子系统或网络。该系统可以控制多种外围设备，如打开现场照明灯、开启摄像机、启动录像等，同时还可以将报警信息输出至上一级接警中心或有关部门。入侵报警系统由入侵探测器、传输信道和入侵报警控制器三部分组成，如图 2－1 所示。

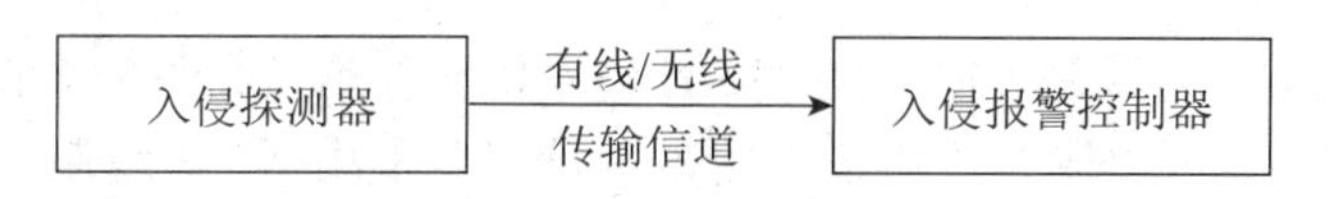

图 2－1　入侵报警系统示意图

（一）入侵探测器

入侵探测器通常被称为报警器，是指在需要防范的场所安装的能感知出现危险情况的设备，是能探测到入侵者移动或其他动作的由电子或机械部件所组成的装置。探测器的核心是传感器。入侵者在实施入侵时总会发出声响、产生振动波、阻断光路，对地面或某些物体产生压力，破坏原有温度场发出红外光等。传感器利用某些材料对这些物理现象的敏感性而将其转换为相应的电信号和电参量（电压、电流、电阻、电容等），然后经过信号处理器放大、滤波、整形后成为有效的报警信号，并通过传输信道传给报警控制器。入侵探测器可以自供电和进行状态自检，也可以由报警控制器供电和进行状态监控，并通过探测器自身的设置与报警控制器一起实现报警系统的防破坏功能。通常入侵探测器应内置防破坏装置，或者外装防破坏装置来实现自身的物理防护。入侵探测器是入侵报警系统最前端的输入设备，在很大程度上决定着入侵报警系统的性能、用途和可靠性，是降低误报和漏报的决定性因素。

（二）传输信道

入侵报警系统的传输信道方式是决定系统网络结构的关键。它的功能是，将入侵探测器产生的报警信号及状态检测信号上传，同时完成报警控制器对系统设置与控制信号的下传。入侵报警系统的传输信道主要分为有线信道与无线信道两种。有线信道通常用双绞线、电力线、电话线、电缆或光缆传输探测电信号，而无线信道则是将探测电信号调制到规定的无线电频段上，用无线电波传输探测电信号。信号传输方式的分类如图2－2所示。

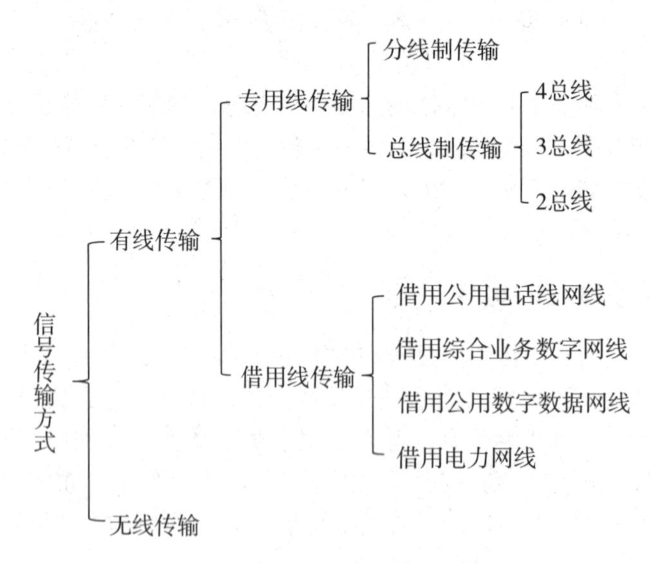

图2－2　信号传输方式的分类

1. 分线制传输。分线制传输又称为并行信号传输，是指在每一个探测器和报警控制器之间都专门布设一组线路传输报警信号。目前多采用N＋2线制，即有N个探测器，每个探测器接3条线，分别为电源线、地线和信号线，所以N个探测器共接N条信号线、1条电源线和1条地线（分别共用）。分线制的优点是技术简单、比较可靠，但缺点是当探测器数量很多时传输导线多，配管直径大，穿线复杂，线路故障不好查找。所以，分线制传输方式一般只用于规模较小的报警系统。公线制连接如图2－3所示。

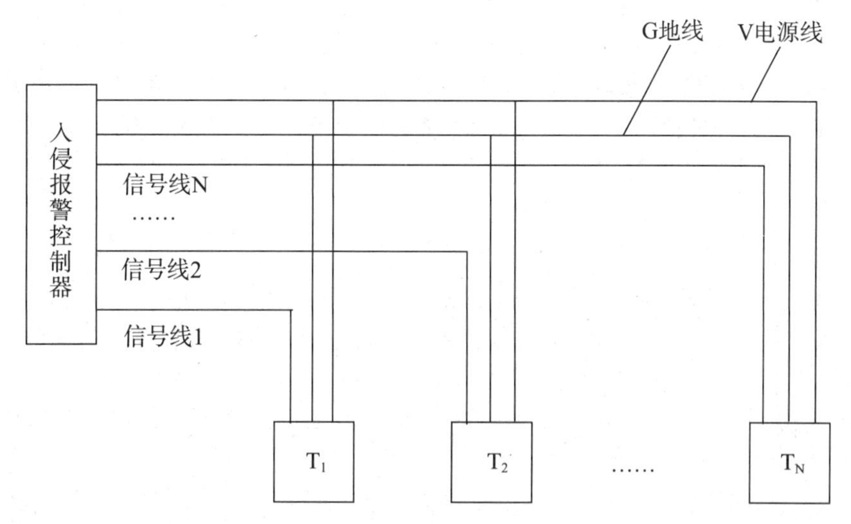

图 2－3　N＋2 线制连接示意图

（T_1～T_N表示入侵探测器）

2. 总线制传输。总线制传输又称为串行信号传输。总线制采用共用线及地址编码技术，每只探测器都有自己独立的地址编码，报警控制器按照不同的地址信号访问每只探测器。总线制传输方式主要分为 4 总线制、3 总线制和 2 总线制。总线制的优点是使用线材少，线路施工量小，方便维护和扩充；可以在同一种线上接不同功能、不同种类的探测器，便于系统多功能化；通过编码技术，可以对探测器的工作状态进行自动巡检、点名检测等，便于系统智能化。总线制连接如图 2－4 所示。

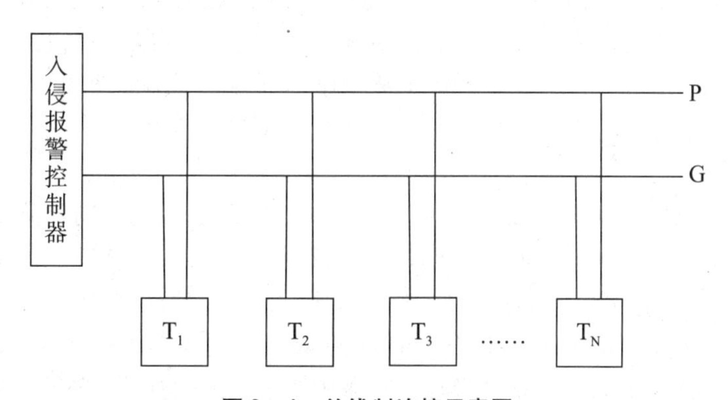

图 2－4　总线制连接示意图

（T_1～T_N表示入侵探测器，G 线为地线，P 线完成供电、选址、自检、获取信号等功能）

（三）入侵报警控制器

入侵报警控制器接收探测器传来的探测信号，并对此信号进行分析、处理、判断，确认为非法入侵并发出声、光报警，输出显示入侵位置，向上一级报警中心发出报警。入侵报警控制器的功能一般包括如下几个方面。

1. 入侵报警功能。能直接或间接接收来自探测器的输出信号，发出声、光报警，并指示报警的部位。声、光报警信号可保持至手动复位。

2. 紧急报警和防拆报警功能。能直接接收来自紧急报警开关和防拆开关发来的报警信号，发出声、光报警，并指示报警发生的部位。如紧急报警和入侵报警同时发生，则优先发出紧急报警声、光信号，且两者信号有明显区别。紧急报警和防拆报警功能不受控制器电源开关控制，能保证昼夜工作。

3. 防破坏与线路故障报警功能。报警控制器与探测器、紧急报警开关、起信号传输作用的装置部件及控制器外部的报警显示器之间的连接发生断路、短路或并接其他负载时，能发出有别于入侵报警和紧急报警的声、光报警并指示故障发生的部位。故障报警不妨碍非故障回路的报警功能。

4. 给入侵探测器供电功能。报警控制器能为与其直接接入的入侵探测器供电，同时，还能对所提供的电源进行开关控制，并能显示其开、关状态。

5. 布防、撤防与旁路功能。报警控制器能对与其直接接入的任一入侵探测器设置警戒（布防）、解除警戒（撤防），使某个或某几个探测器失效（旁路），并能显示相应部位。

6. 报警复核功能。报警控制器一般具备声音或图像复核功能。当控制器执行复核功能时，能明确指示当前的复核部位。

7. 记录功能。报警控制器能记录入侵报警、紧急报警和故障报警的部位和时间以及开关机时间和操作员等信息，并且记录内容在电源关闭时不丢失。

8. 系统自检功能。能对报警信号输入回路及所有显示器件和声响器件进行自检，还能对所有探测器进行检测，以随时掌握其工作状态。

9. 联网功能。能与其他控制器进行报警联网，实现区域性防范。

10. 电源转换功能。主电源断电时能自动转换到备用电源，主电源恢复时能自动转换到主电源。若备用电源为可充电电池，则电源可对备用电源自动充电，备用电源工作状态用灯光指示。电源转换时控制器仍正常工作，不会产生误报警。

二、入侵报警系统的分类

入侵报警系统分为家庭入侵报警系统、小区入侵报警系统、周界防范入侵报警系统、110 治安入侵报警系统、重要区域入侵报警系统。

（一）家庭入侵报警系统

家庭入侵报警系统是小区物业安全防范系统的一部分，是为了保证住户在住宅内的人身财产安全。其采用综合布线技术和无线遥控技术，由微机控制管理，通过在住宅内门窗及室内其他部位安装各种探测器进行昼夜监控。当监测到警情时通过住宅内的报警主机传输至智能化管理中心的报警接收计算机。接收机将准确显示警情发生的住户名称、地址和所遭受的入侵方式等信息，提示保安人员迅速确认警情，及时赶赴现场，以确保住户人身和财产安全。同时住户也可以通过固定式紧急呼救报警系统或便携式报警装置，在住宅内发生抢劫案件和病人突发疾病时，向智能化管理中心呼救报警，中心可根据情况迅速出警。家庭入侵报警系统一般应具有如下功能：

1. 匪情、盗窃、火灾、煤气、医疗等意外事故的自动识别报警。

2. 传感器短路、开路、并接负载及电话断线自动识别报警。

3. 报警主机与分机之间的双音频数据通信、现场监听及免提对讲。

4. 设置百年钟，显示报警时间。

5. 遥控器有密码学习及识别功能，在户外可遥控设置及解除警戒。

6. 主机隐蔽放置，关闭放音开关可无声报警。

7. 遇警情及时自动挂断串接话机，优先上网报警。

8. 户外长距离扩频遥控，汽车被盗可即时报警。

9. 家中无人时，可把家庭报警系统设置在外出布防状态，使所有的探测器都工作起来。当窃贼试图破门而入或从阳台闯入，被动红外探测器和门磁将探测到动作，使保安中心立刻接收到警情。

10. 如果主人有紧急情况，如急病或受到挟持时，可按动键盘上的紧急按钮发出警报。

11. 厨房有煤气泄漏警情发生时，煤气探头会探测到并同时向管理中心发出警报。

12. 当有家庭报警时，管理机发出报警声并显示报警住户房号及报警设备类型；同时，计算机自动弹出报警住户电子平面图，处理完毕后电脑自动储存本次报警信息。

（二）小区入侵报警系统

小区入侵报警系统由探测器、报警控制主机和报警控制中心三部分构成。对小区的建筑物重要区域出、入口，周界等特殊区域及重要部位建立必要的入侵防范警戒措施，可以及时发现各种安全隐患和违章行为，便于有效处理及制止事态蔓延，并为日后提供查询资料，以保障正常运营次序及完善各项管理。当用户遇到不法之徒进行打劫时，按紧急按钮或紧急装置，向保安监控中心求援，控制主机将原设定的地址代码及报警类别经电话线发到报警中心（即110、派出所）。报警中心电脑检测到送来的数据并进行识别后，从数据库调出相关资料，显示警情信息和位置等。另外，监控中心自动不定时地检测前端各报警系统工作情况，如信号中断或控制系统有故障即可自动提示并打印出故障发生区域的系统，系统可24小时无故障运行，以确保社区的安全。同时，报警信息联动闭路监控系统可将报警现场附近摄像机图像切换到监视器，并联动录像机进行录像。

（三）周界防范入侵报警系统

为了对单位、院落、建筑等实体的周界进行安全防范，一般可以设立围墙、栅栏或采取值班人员守护的方法。但是围墙、栅栏有可能受到入侵者的破坏或翻越。而值班人员有可能出现工作疏忽或暂时离开岗位，为了提高周界安全防范的可靠性，设立周界防范系统是非常有必要的。对于周界防范系统应该做到人防、物防、技防三结合。周界防范系统可采用微波入侵探测器、主动红外入侵探测器、激光入侵探测器、双鉴入侵探测器、电场感应入侵探测器、磁震动电缆传感器、泄露电缆入侵探测器、驻极体电缆入侵探测器、地下周界压力入侵探测器、高压脉冲电网报警器等多种方法。使用最广的是采用远距离主动红外对射探头，利用接口与总线相连，实现周界防范，防止非法侵入。一旦周边有非法侵入，保安中心的监控主机就会发出报警，指出报警的编码、时间、地点、电子地图等。还可实现与闭路电视监控系统的联动，自动打开侵入点附近区域的照明灯光、启动现场摄像机自动录像，通过声、光警告来阻止非法入侵。一个周全、完整的周界入侵报警系统应该是多种监控技术的组合，因为每种监控手段都难免有缺陷，可能造成监控范围的盲区。

（四）110 治安入侵报警系统

为了对社区、生活小区等进行安全防范，设立了 110 治安联网报警系统。110 治安联网报警系统可接受固定点报警，也可接受非固定点报警，具备电话调度功能，提供信息化、智能化的报警、接警、调警方案；可实现多警种联动，提供反应快捷的报警、接警、处警等信息管理控制指挥功能；可对及时侦查破案、发现犯罪提供有力的技术防范措施；能快速提高工作效率，有效打击犯罪，维护社会治安稳定。

（五）重要区域入侵报警系统

在一些重要的区域，如机场、军事基地、武器弹药库、监狱、银行金库、博物馆、发电厂、油库等处，为了防止非法入侵和各种破坏活动，传统的防范措施是在这些区域的外围周界处设置一些屏障或阻挡物（如铁栅栏、围墙、钢丝、篱笆网等），安排人员加强巡逻。在目前犯罪分子利用先进的科学技术，犯罪手段更加复杂化、智能化的情况下，传统的防范手段已难以适应要害部门、重点单位安全保卫工作的需要，此外，人力防范往往受时间、地域、人员素质和精力等因素的影响，难免出现漏洞和失误，因此，安装入侵报警系统就成为一种必要的措施。对于重要区域的防范，应考虑到要害部门防范的特殊要求，结合各种入侵探测技术来实施，入侵报警系统一旦发现入侵者或意外情况可以立即发出报警。

三、入侵报警系统的评价指标

对入侵报警系统的评价是指在应用环境下对系统总体效果的测试。有些指标可在现场进行客观测量，有些只能进行主观性的功能检查。入侵报警系统的评价指标与入侵探测器及入侵报警控制器的技术指标和功能有非常密切的关系，主要评价指标有：

（一）系统响应

报警系统对异常情况的反应速度用时间来度量，通常是指从前端入侵探测器被触发到被入侵报警控制器显示的时间。系统响应的设计与系统的风险等级和防护要求密切相关。对高风险部位，系统应立即响应各种探测到的异常情况，报警响应应小于 2s；对一般风险部位，可在报警后进行复核，确认报警真实后发出报警信号。系统的报警响应时间（包括复核的时间）应在 4s 之内。

（二）探测概率

报警系统探测真实入侵的概率，不同于探测器的探测概率（探测器自身的技术指标），它是在一个入侵路径上构成报警系统的多个探测器产生的综合指标。通过对系统探测概率的要求，进而计算出应采用探测器的数量和类型，是安防系统设计的任务。

（三）灵敏度

灵敏度是指报警系统中探测器发现入侵的能力。它既可以是一个探测器产生的结果，也可以是多个探测器产生的总体结果。对于实际应用中的探测器，显然不能用分辨物理或状态差异的能力去测量灵敏度，而应用发现人各种可能的入侵过程来评价其探测灵敏度。

（四）探测范围（探测区）

探测区对系统设计的防范区覆盖程度的测量与探测器的探测范围边界有关，也可以用系统有无盲区或死角来表示。系统设计时，要求探测器的探测区或多个探测器形成的探测区要比系统控制区适当大一些，并考虑与视频监控系统的视场区相匹配。

（五）误报率

误报率，是指系统发出不真实报警的概率。产生误报警的原因很多，除了探测器本身的可靠性之外，环境、安装、系统功能设置等多方面的因素都可能引起误报警，探测器本身并不是主要原因。误报率的具体数值指标通常按每月（年）允许产生误报警的次数来规定，这个指标可由用户在一定时间内进行误报警的统计产生。

（六）防破坏功能

报警系统的防破坏功能除了探测器的防破坏功能外，主要包括通信系统的防破坏能力和前端报警控制箱的防破坏能力。该功能通过报警控制器对系统状态的查询功能来实现。防破坏功能分为物理防护和电气防护两个方面。

1. 物理防护，主要包括探测器、报警箱外壳防护等级和防拆、防移位措施，以及施工时对管线的隐蔽和加固等。

2. 电气防护，主要是通过对自身状态、传输线路和供电状态的监测来发现破坏通信线路或断开供电电源等破坏活动。

（七）抗干扰能力

抗干扰能力是与误报率密切相关的技术指标。它不同于探测器的抗干扰能力，主要是反映入侵报警系统对防范区的自然环境、气候环境、电磁环境、人文环境等因素的抗干扰的能力。不能采用客观测试评价，需要用户配合进行一定时间的数据统计来产生。探测器的抗干扰能力是系统抗干扰能力的基本保证，设备的选择、环境的改善将决定系统最终的抗干扰能力。

（八）可靠性

可靠性是指系统稳定工作的能力。探测器的可靠性决定了系统的可靠性，通常用以下两种表示方法：

1. 平均无故障工作时间，其以探测器、前端控制器、通信装置及系统控制器等元素的可靠性数据为基础数据，通过可靠性数学模型计算出系统的可靠性，是电子系统通常采用的可靠性指标。

2. 稳定工作时间，是报警系统经常采用的指标，通常是统计系统连续工作的过程中出现的故障次数。按照可靠性的定义，故障包括所有系统不正常的现象，如误报警、漏报警等。为了主要评价设备的技术性能，有时只统计由于设备的电气故障和结构损坏导致必须维修或更换的情况。

（九）系统功能

这是评价报警系统的重要内容，包括可以实现的功能、功能设置方式（编程、人工）、系统与其他安防系统的集成方式和相互联动的功能。该功能通过实际的操作来进行评价，要求功能完善，界面友好，控制与联动准确、无误。

（十）信息存储

报警系统应具有适当的信息存储能力，主要是对报警信息的记录。大型系统应有状态监控信息记录和工作日志，对存储信息的查询要有权限的设定，可以采用适当的方式（打印）输出存储信息。

项目二　入侵探测器介绍

入侵探测器是入侵报警系统中及时发现入侵、及时传递警情信息的重要设备，是整个入侵报警系统的关键部分。它在很大程度上决定着报警系统的性能和可靠性。各种不同的入侵探测器，在防范区域内可以构成点、线、面或空间的多层次、多方位的立体交叉防范警戒网络，它的运用可使防范入侵的手段更加完善、可靠性更高、效果更好。目前，入侵探测器的种类较多，且由于原理各异，其使用环境、安装要求、工作特点也各有不同。

一、入侵探测器的工作本质及分类

入侵探测器的工作本质是探测，也就是发现和识别差别（异）。入侵探测器发现探测对象的特征，或者用适当的方法把探测对象与环境、与其他对象的差别表现出来，并以安全的状态作为基准（表示为一个阈值），判断探测结果是否超出了这个基准状态，从而判断是否输出报警信号。

入侵探测器的种类繁多，分类方式也有多种，通常按照传感器的种类、工作方式、传输信道、警戒范围、应用场合、工作原理等分类，如图 2－5 所示。对入侵探测器进行科学分类，有助于准确地理解它的工作原理及特点，了解它的应用范围和适应性。

二、常用入侵探测器的工作原理及特点

下面介绍的几种常用入侵探测器可以满足入侵报警系统大部分的应用场合，通过了解它们的工作原理及特点，可以了解整个入侵报警系统的特性。

（一）磁控开关探测器

1. 磁控开关探测器的工作原理。磁控开关由永久磁铁和干簧管（也称为舌簧管或磁簧管）两部分组成，如图 2－6 所示。干簧管由一个充满惰性气体的玻璃管和密封在玻璃管中的一对金属簧片组成，金属簧片由铁镍合金制成，有很强的导磁性能和一定的弹力，在金属簧片的两个自由端上用贵重金属（金、银、铹、钯等）烧结一对金属触点。根据触点的构造不同，干簧管通常可以做成常开、常闭、转换三种类型。磁铁是铁氧体，导磁率较高，与干簧管配合组成磁控开关。干簧管触点的通断主要由磁铁控制。

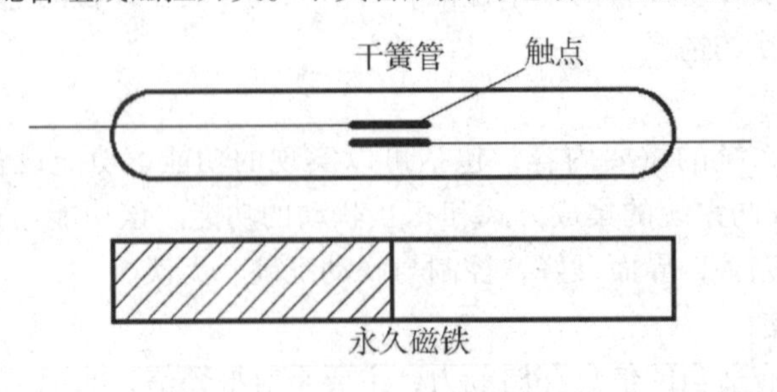

图 2－6　磁控开关结构示意图

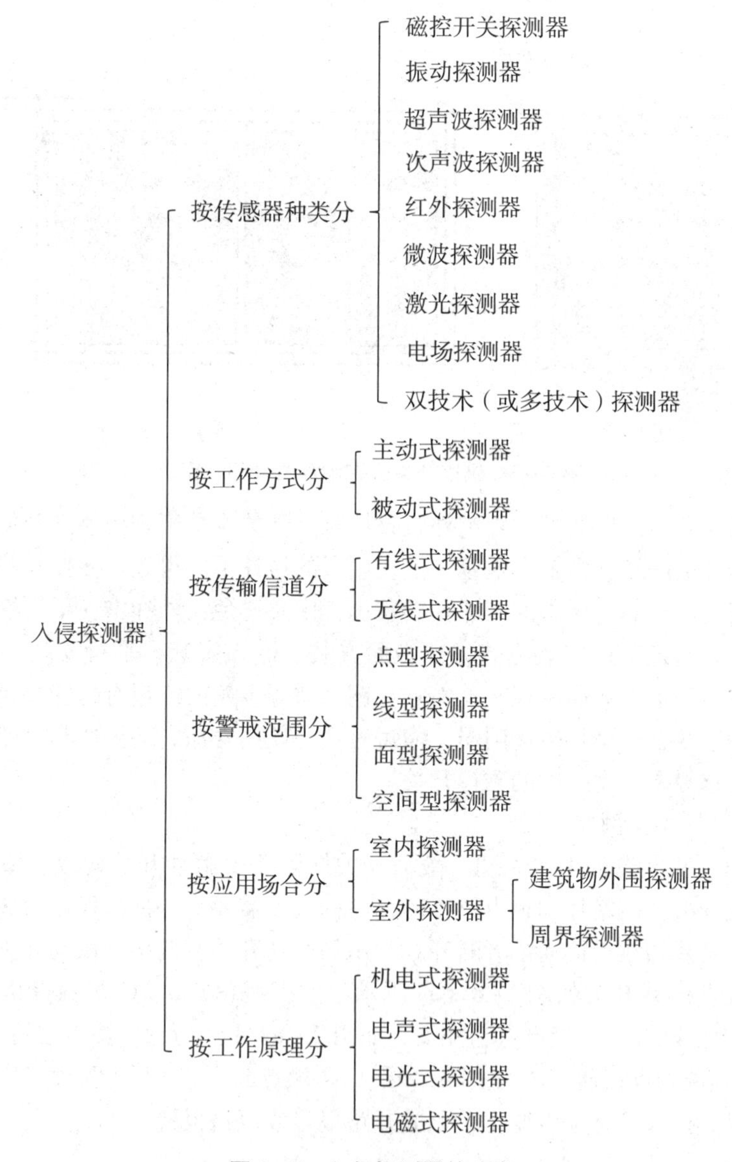

图 2－5　入侵探测器的分类

磁控开关探测器主要用于保护门、窗，干簧管和永久磁铁分别被压铸在塑料中，并压铸成各种形状，以满足使用要求。使用时干簧管安装在被保护的门框、窗框上，永久磁铁安装在对应位置的门或窗扇上，两者的安装间距一般以 5mm 左右为宜。当门处于关闭状态时，磁铁靠近干簧管，干簧管金属触点受磁场控制吸合，报警器不报警；当有人推开门时，磁铁远离干簧管，干簧管金属触点失去磁场的控制，两个触点断开，引起报警控制器发出报警，如图 2－7 所示。

2. 磁控开关探测器的特点。磁控开关探测器结构简单、体积小、重量轻、耗电少、价格便宜、使用方便、动作灵敏、可靠性高、工作寿命长，因此得到了广泛的应用。针对磁控开关探测器的工作原理，为了克服入侵者用一块外加磁铁吸附在开关处，把开关

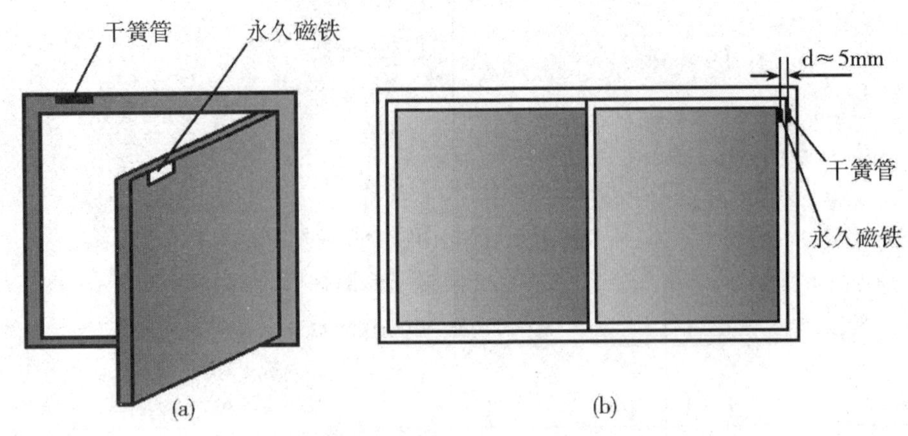

图2－7　磁控开关安装示意图（门、窗）

吸住，使报警失效，又发明了一种抗外磁磁控触点开关及平衡磁控触点开关。这两种开关，如果遇到外加磁场就会触发报警，使入侵者的诡计不能得逞。磁控开关探测器安装时应注意隐蔽，以避免入侵者的破坏。安装过程中要避免猛烈冲击使干簧管受损，并应根据不同场所采用适宜的安装方式，如表面安装、嵌入安装、平行安装、端对端安装等。一般用在木门上的普通磁控开关不宜在钢、铁等金属门或包有这些金属物体的木门上使用，因为这些金属会将磁场削弱，缩短磁铁的使用寿命，甚至使其失效。门、窗缝隙大的场所要选择磁力大一些的磁控开关。

（二）微动开关探测器

1. 微动开关探测器的工作原理。微动开关探测器由微动开关构成。微动开关是一种机械触点式开关，由簧片、触点及传动部件构成，需要靠外部的作用力通过传动部件带动，将内部簧片和触点接通或者断开。常用的微动开关有两接点微动开关和三接点微动开关。两接点微动开关如图2－8（a）所示，按下按钮，B、C两触点接通；压力去除，B、C两触点断开。三接点微动开关，如图2－8（b）所示，按下按钮，A、B两触点断开，A、C两触点接通；压力去除，A、C两触点断开，A、B两触点接通。当按钮被外力压下时其接点状态发生变化，形成开路报警或短路报警。

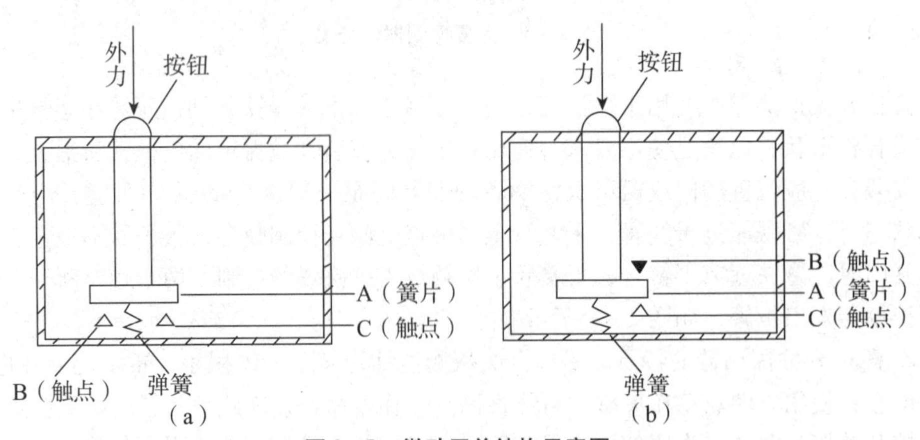

图2－8　微动开关结构示意图

2. 微动开关探测器的特点。微动开关探测器应用很广泛。例如，可将微动开关探测器隐蔽地安装在靠近门或窗户的地板上，当有人从门、窗进入触动开关后，引起开关接点状态的变化，报警器就能发出报警，还可将其安装在门框或窗框的一侧，当门、窗被推开时，报警器会发出声、光报警信号。将贵重物品放置在这种微动开关上，当有人拿走该物品时，引起开关接点状态改变，即可发出报警信号。技防工作中经常使用的人工紧急报警按钮和脚踏开关也属于微动开关探测器，一旦遇到紧急情况，可用手或脚触动开关，及时向相关部门发出报警信号，如图 2 －9 和 2 －10 所示。微动开关探测器结构简单、安装方便、防震性能好、价格便宜、触点可承受较大的电流，但是抗腐蚀性和动作灵敏度较差。

图 2 －9　紧急报警按钮

图 2 －10　脚踏开关

（三）压力垫开关探测器

1. 压力垫开关探测器的工作原理。压力垫由两条平行放置的具有较好弹性的金属带构成，两条金属带中间用不连续的很薄的绝缘材料填充，两条金属带接到报警电路中，相当于一个接点断开的开关，如图2 －11 所示。

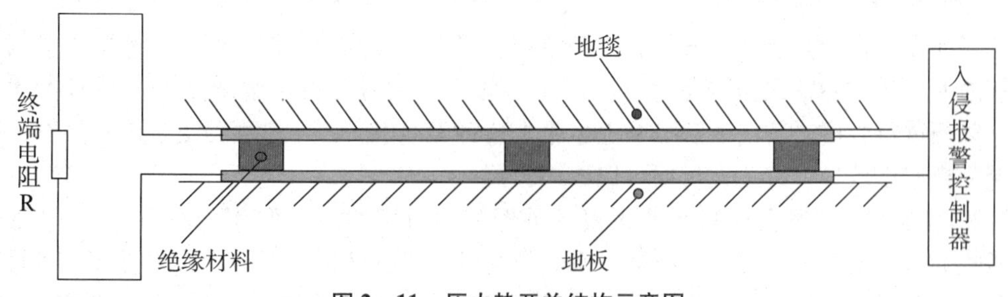

图 2 －11　压力垫开关结构示意图

2. 压力垫开关探测器的特点。压力垫的制作可根据实际需要而定，可用于窗台、大厅、楼道、楼梯、保险柜周围等需要被保护的场所。为了隐蔽，常放置于地毯下，一旦入侵者踏上地毯，会使压力垫上下两条金属带受到压力产生接触，从而使终端电阻短路，发出报警信号。为避免小动物触发报警，应选用由多条条状压力开关组成的压力垫，条与条之间有一定距离，只有当相邻两条同时被压下时，才触发报警。设计的条间距离，应使人至少能踏上两条而小动物至多踏上一条。图 2 －12 是压力垫实物图。

图 2 －12　压力垫实物图

（四）水银开关探测器

1. 水银开关探测器的工作原理。水银开关又称倾侧开关，结构如图 2－13 所示，在一个密封的容器中装有两根电极和一小滴水银，容器中多数注入惰性气体或真空，当容器处于一定角度（工作角度）时，因为重力的关系，水银会向容器中较低的地方流去，如果同时接触到两个电极的话，开关便会将电路闭合。水银开关探测器主要是依靠两个电极的接通或断开来触发报警。水银开关的倾侧敏感性使它具有独特的应用场合，实物如图 2－14 所示。

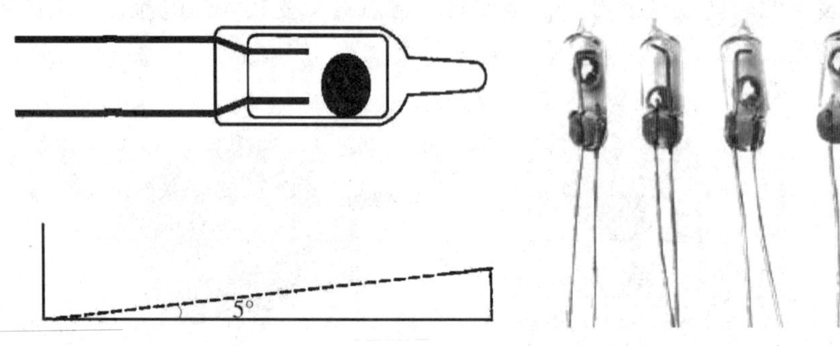

图 2－13　水银开关结构示意图　　**图 2－14　水银开关实物图**

（1）防盗、防入侵。在皮箱、钱柜、电视机、录像机等贵重的物品上或其储存盒里装上这种开关，调节好工作角度，一旦这些贵重物品被移动或者倾倒就会发出报警信号。围墙、围栏等周界上也可装上这种开关，当入侵者爬越围墙或围栏时引起震动也会使得触点接通或者断开，即可引发报警信号。

（2）人身安全报警。警察或安保人员携带的专用无线电台是用钩子垂直挂在皮带上的，如在电台内装上水银开关，当警察或安保人员遇到危急倒下时，无线电台会因开关接通而发生一种密码报警信号，控制中心收到此信号便可了解危急人员的身份和地点，以便进行救援。若消防队员身上也带上这种无线电台，一旦在救火中因故晕倒，报警器便会发出信号，有关人员便可以组织救援。

2. 水银开关探测器的特点。水银开关探测器由于使用水银作为触点开关，因此，比常规的机械触点开关要好。例如，水银开关没有机械磨损，不会黏接与烧坏，接触动作无声，不易发生故障，可以获得百万次以上的带负荷操作寿命；水银开关接触电阻低，过载能力大，无触点回跳，并能承受剧烈的电压冲击，而这种电压冲击足以损坏其他类型的开关；由于水银开关被设计成环状，可将整个开关构件密封在容器内，在保护气体（如氮气、氩气、氖气等）里工作，因此，不会受潮湿、灰尘、油脂、污垢等的影响，具有高度的坚固性和耐用性。

（五）主动红外探测器

主动红外探测器又称为红外对射，是典型的主动工作方式探测器。

1. 主动红外探测器的工作原理。主动红外探测器由红外发射机和红外接收机两部分组成；发射机是由电源、发光源和光学系统组成，接收机是由光学系统、光电传感器、放大器、信号处理器等部分组成。主动红外探测器是一种红外线光束遮挡型探测器，红外发射机发射出一束经过调制的红外光束，经过光学系统的作用变成平行光发射出去，此光束被接收机接收，于是在发射机和接收机之间形成了一道人眼看不见的红外光束警戒线。正常情况下，接收机收到的是一个稳定的信号，当有人入侵，部分或全部遮挡了发射机和接收机之间的红外光束，接收机收到的红外光信号的强度将发生变化。提取这一变化，并经过适当处理，只要该变化值达到某一阈值，即可触发报警控制器发出报警。根据红外发射机及红外接收机设置位置的不同，主动红外入侵探测器可采用直射式安装和反射式安装两种方式，如图 2－15 所示。采用反射式安装方式时，红外接收机不直接接收红外发射机发出的红外光束，而是接收由反射镜反射回来的红外光束。主动红外入侵探测器按红外光束的数量可分为单光束、双光束［见图 2－16（a）］、三光束［见图 2－16（b）］、四光束［见图 2－16（c）］等，也可以组成多光束的栅栏型主动红外探测器［见图 2－16（d）］。

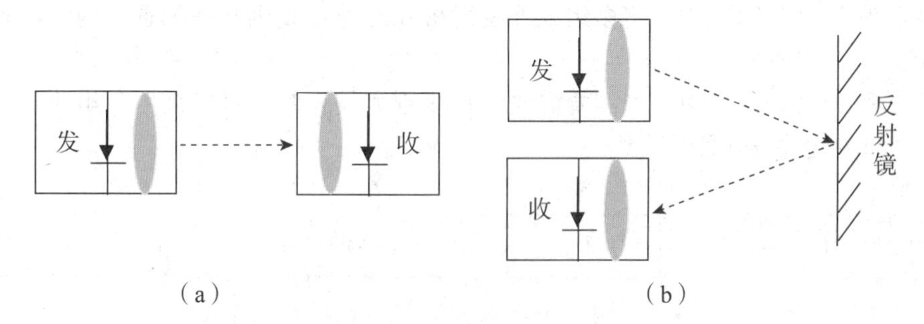

图 2－15　主动红外探测器工作原理

（**a**）直射式；（**b**）反射式

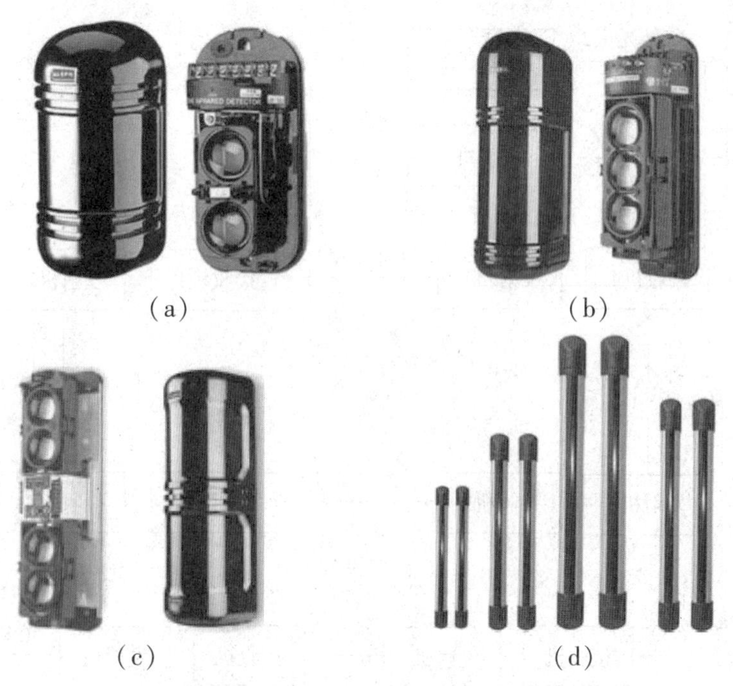

图 2－16　主动红外探测器实物图

（**a**）双光束主动红外探测器；（**b**）三光束主动红外探测器；
（**c**）四光束主动红外探测器；（**d**）栅栏型主动红外探测器

主动红外探测器是线型探测器，为了扩大防范范围，可用多组探测器构成警戒网或周界警戒线等防范布局方式，如图 2－17 所示。

（1）图 2－17（a）中，红外发射机和红外接收机相对放置，发射机和接收机之间形成一道红外警戒线。

（2）图 2－17（b）中，为了防止入侵者跳越或从警戒线下爬入而发生漏报警，可采用多组红外发射机与红外接收机相对放置的方式。多组红外光束形成警戒网时，收发装置交叉放置可消除干扰。

（3）图 2－17（c）中，用双光束红外发射机，合理配置红外接收机的位置，构成一道红外警戒网。

（4）图 2－17（d）中，将多组红外发射机和红外接收机合理配置，构成红外线周界警戒线。

（5）图 2－17（e）中，当需要警戒的直线距离较长时，可以采用几组收、发设备接力设置的方式构成红外警戒线。

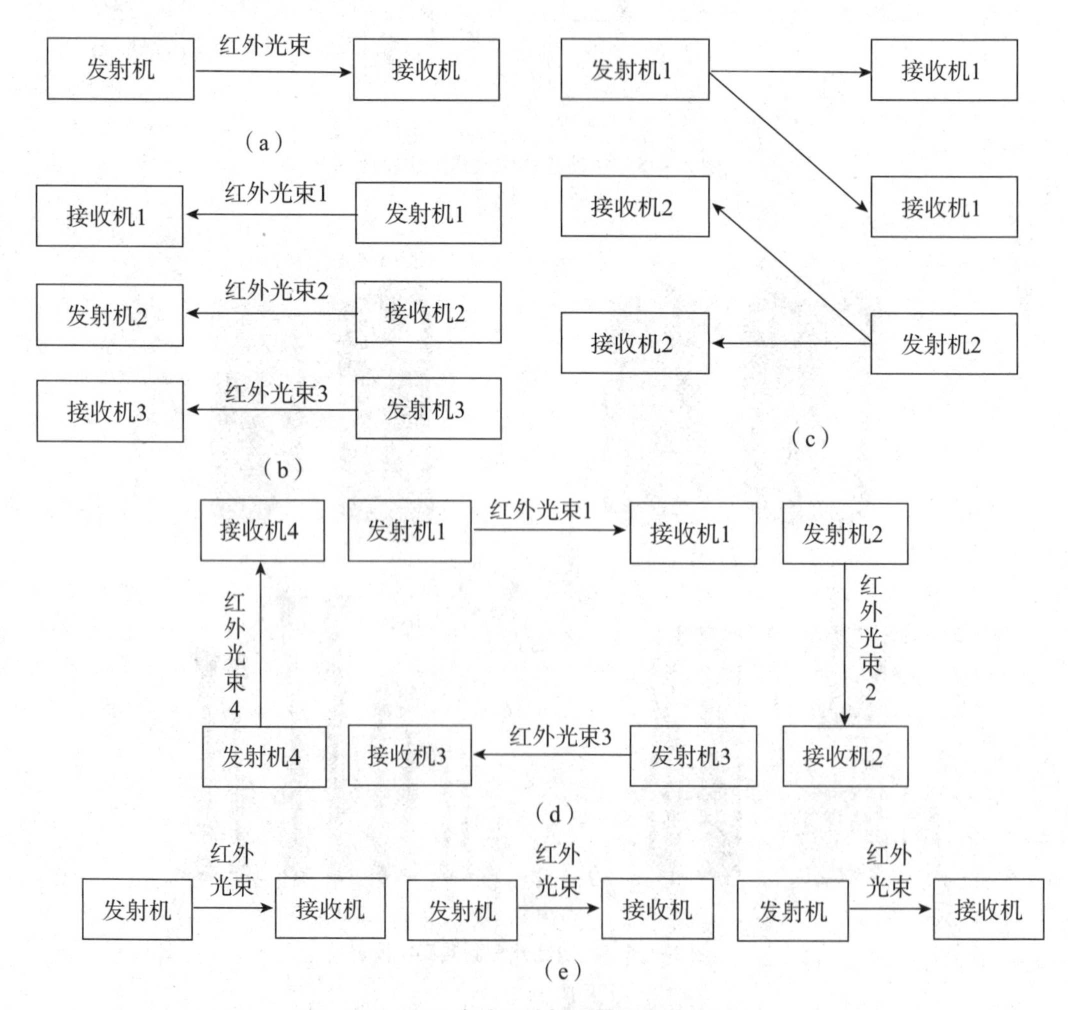

图 2－17　主动红外探测器的安装方式

2. 主动红外探测器的特点。主动红外探测器经济、可靠、安装方便，与基础设施或防护对象巧妙地结合，可构成多种防范方式［单/多束、直/反（多次）射］。探测器警戒距离较远，灵敏度高，对于环境条件简单的场合效果很好。主要适用于周界防范，室内、室外均可使用。可以用于室内防入侵，如封门、封窗等，工作可靠性较高。用于室外时，受气候影响较大，如遇雾天、雨天、雪天及风沙等恶劣天气时，由于能见度下降，会使其作用距离缩短；另外，室外环境复杂，动物经过或落叶飘下可能造成误报警；同时，使用安装不当，也可能产生漏报警。因此，可再配合其他形式的警戒手段，以确保防范的可靠性。

主动红外探测器除了应用于入侵报警系统外，防火报警系统也经常用主动红外探测器作为烟雾探测。光电式烟雾探测器也是一种主动红外探测器，它的工作方式恰好相反，正常时，光探测器接收不到光辐射，烟尘的出现导致光线散射，产生报警信号。光纤周界探测器实质上也是一种主动红外探测器，它的接收端检测光源发出光的强度变化，从而判断光的传输介质（光纤）状态的变化。

（六）被动红外探测器

被动红外探测器是典型的被动工作方式的探测器，是目前室内防范的主要设备。

1. 被动红外探测器的工作原理。被动红外探测器不需要任何红外光源，它是依靠人体的红外辐射进行报警的。自然界的任何物体都可以看作一个红外辐射源。这是因为物体表面的温度高于绝对零度（-273.15℃）时，均会产生热辐射，热辐射产生的光谱主要位于红外波段。人体的表面温度为36℃，大部分辐射功能集中在8～12μm的波段范围内。物体温度越高，表面越粗糙，辐射的红外线波长越短，红外能量越高。被动红外探测器由光学系统、热释电红外传感器、信号处理电路及报警控制器组成，如图2-18所示。当被探测的目标入侵并在防范的区域里移动时，将引起该区域红外辐射的变化，设备探测到这种红外辐射的变化并发出报警信号。红外探测器主要用来探测人体和其他一些入侵移动的物体，也可探测建筑、地形、树林等不动的设备。实际应用中，把探测器放在所要防范的区域内，当背景辐射发生微小信号变化，被探测器接收后转换成背景信号，这些信号是噪声，噪声不发生报警信号，只有当稳定不变的热辐射被破坏，产生一个红外辐射能量的变化时才发出报警信号。被动红外探测器根据不同的光学结构，可分为反射式和透射式两种；按照不同的安装结构，又分为壁挂式和吸顶式两种。被动红外探测器是目前空间防范使用最普遍的装置之一，内部结构和外形结构多种多样，可以根据不同现场情况进行选择，如图2-19所示。

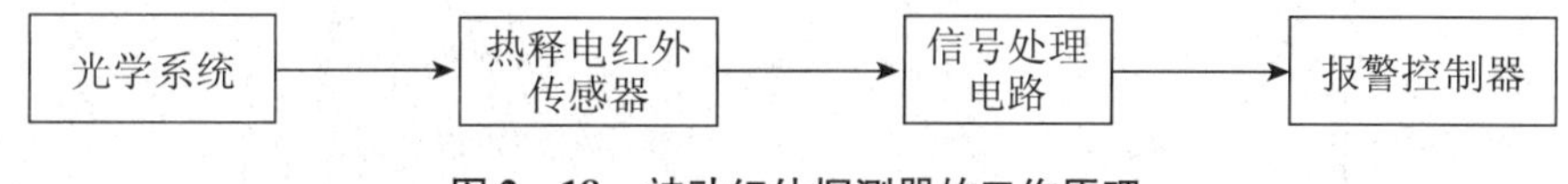

图2-18　被动红外探测器的工作原理

2. 被动红外探测器的特点。

（1）被动红外探测器依靠入侵者自身的红外辐射作为触发信号，设备本身不发射任何类型的辐射，因此，隐蔽性好，不易被入侵者察觉。

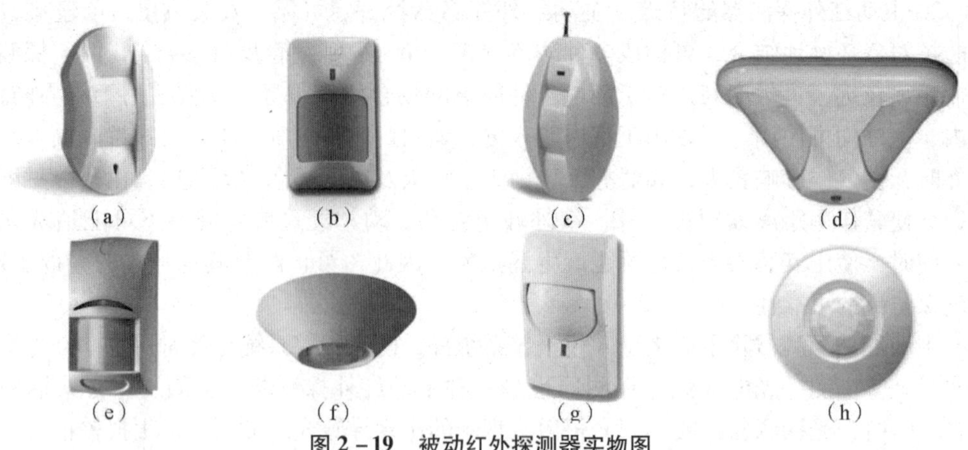

图 2 – 19　被动红外探测器实物图

(2) 昼夜可用，特别适合在夜间或黑暗的环境中工作。

(3) 不发射能量，没有易磨损的部件，因而设备功耗低，结构牢固，使用寿命长。

(4) 由于是被动式的，因此也就没有发射机和接收机安装时严格校直的麻烦。

(5) 因为与微波探测器相比，红外波长不能穿透砖头、水泥等，所以在一般建筑物室内使用不用担心室外运动目标造成的误报。

(6) 在室内安装多个被动红外探测器时，不会产生相互之间的干扰。

被动红外探测器安装时，由于红外线穿透性能较差，人体的红外辐射容易被遮挡，使探测器不能接收，因此，在监控区域内不应有障碍物，同时要注意保护其上的菲涅尔透镜。为了防止误报警，安装被动红外探测器时，应避免直接对着任何温度会快速变化的发热物体，如火炉、电加热器、暖气和空调的出风口等，也不能安装在有强气流活动的地方，还应避免对着强光源，如白炽灯和阳光直射的窗口等。在某些热源（如暖气片、加热器、热管道等）的上方或附近也不适合安装。被动红外探测器对横向切割探测区方向的人体运动最为敏感，所以在安装探测器时要使入侵者的活动横向穿越探测区，这样可以提高探测灵敏度，如图 2 – 20 所示，安装在 A 点位置比 B 点位置效果好。

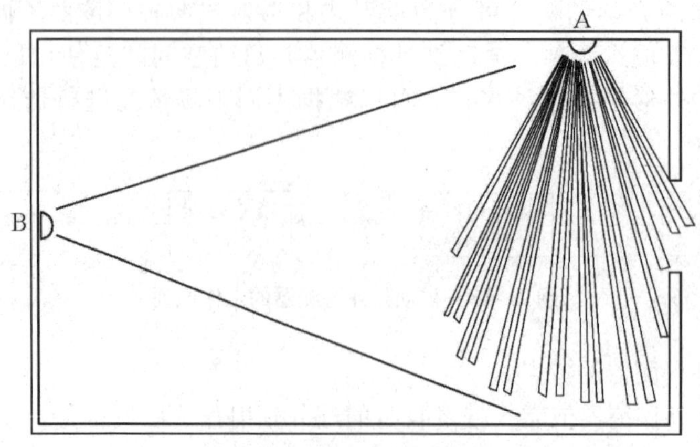

图 2 – 20　被动红外探测器的安装示意图

（七）激光入侵探测器

1. 激光入侵探测器的工作原理。激光入侵探测器与主动红外探测器相似，也是由发射机和接收机组成，由发射机发射一束或多束近红外激光光束，由接收机接收，在收发机之间构成一条看不见的激光光束警戒线。当被探测目标侵入所防范的警戒线时，激光光束被遮挡，接收机接收到的光信号发生突变，提取这一变化信号，经放大并适当处理后，发出报警信号。激光入侵探测器实物如图 2－21 所示。

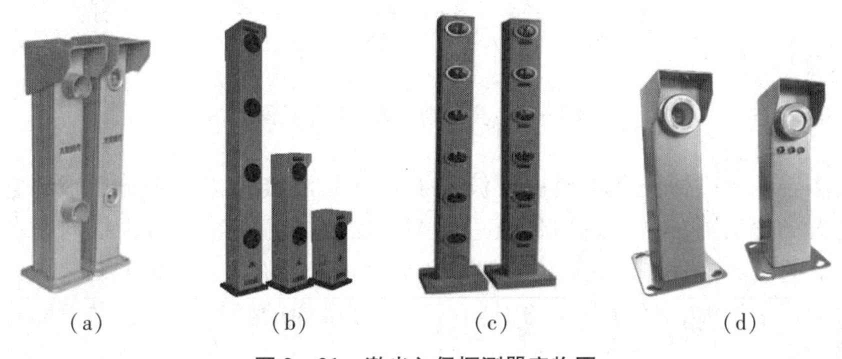

(a)　(b)　(c)　(d)

图 2－21　激光入侵探测器实物图

2. 激光入侵探测器的特点。

（1）激光的单色性和相干性好，亮度高，方向性好。

（2）激光探测器采用的半导体激光器的波长在红外波段，处于不可见范围，便于隐蔽，不易被犯罪分子发现。

（3）激光探测器采用脉冲调制，抗干扰能力较强，其稳定性能好，一般不会因机器本身产生误报警。如果采用双光路系统，可靠性更会大大提高。

（4）激光具有高亮度、高方向性，所以激光入侵探测器十分适合于远距离的线型入侵报警装置。由于能量集中，可以在光路上加反射镜反射激光，围成光墙，从而通常用一套激光探测器来封锁一个场地的四周或封锁几个主要通道路口。

（八）微波多普勒效应探测器

微波是一种频率非常高的电磁波，波长从 1m 至 1mm。微波波段对应的频率范围为 $3\times10^{8}\sim3\times10^{11}$ Hz，在整个电磁波谱中，处于普通无线电波与红外线之间，微波又可分为分米波、厘米波和毫米波三个波段，频段频率资源极为丰富。微波应用的范围很广，例如，定点通信、移动通信、导航、雷达定位测速、卫星通信、中继通信、气象、生物医学以及天文学等方面都有微波的应用。

1. 微波多普勒效应探测器的工作原理。微波多普勒效应探测器是利用微波的多普勒频率效应原理，如图 2－22 所示，即雷达的原理来探测移动入侵目标并触发报警的装置，也称雷达型微波探测器。

多普勒效应是物理学中的一个基本概念。由物理学可知，频率为 f_0 的声波和电磁波等都以一定的速度 V 向前传播。如果遇到固定障碍物（如高山、房屋等）会被反射回来，反射波频率仍为 f_0；如果遇到移动障碍物（如飞行中的飞机、移动中的人等），反射波的频率将会变为$f_0 \pm f_d$。当入侵者向辐射源方向移动时，反射波的频率变为$f_0 + f_d$；当入侵者背向辐射源方向远离探测器时，反射波的频率变为$f_0 - f_d$，其中f_d称为多普勒频移，f_d与移动目标的径向速度V_m、发射波的频率f_0及发射波的传播速度V有关。

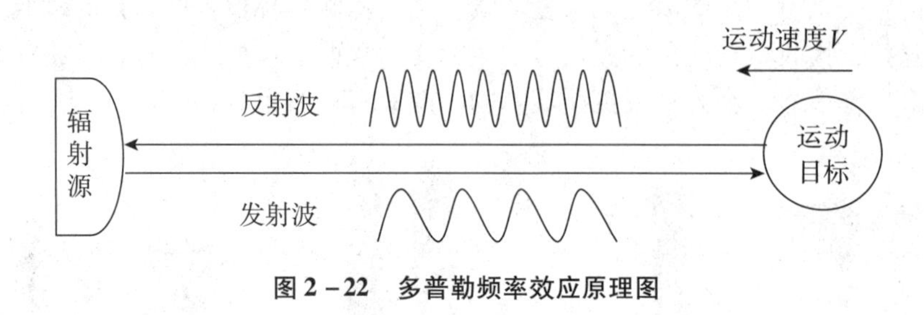

图 2－22　多普勒频率效应原理图

微波多普勒效应探测器主要由微波发射器和微波接收器两部分组成，它是一种收、发合置的探测器。微波发射器通过内部的微波振荡器经发射天线向防范区域发射频率为f_0的微波信号，形成微波电磁场警戒区域。当有人或活动物体进入防范区域时，会产生反射回波，经电子线路混频后检出极微弱的频移信号，进而驱动报警器产生报警信号。

2. 微波多普勒效应探测器的特点。微波多普勒效应探测器是主动型、空间型入侵探测器，控制范围可达数十平方米至数百平方米，用于室内探测。只要在其防范空间有移动目标，就会产生报警信号。因此，入侵者无论是从门、窗，还是从天花板、墙打洞进入，都无法逃脱它的监控。微波对非金属物体具有一定的穿透作用，它可以穿透较薄的墙、玻璃、木材、塑料等，可以把微波探测器隐蔽安装，伪装性好。微波探测器严禁对着防范区域的外墙、外门安装，避免微波穿透防范区域被区域外的移动物体反射回来造成误报警。微波对金属物体有反射作用，所以在微波探测器的防范区域内不应有过大、过厚的金属物体。微波探测器的探头不应对准可能会活动的物体（如门、窗、电风扇），不应对准日光灯、水银灯等气体放电灯光源，以免引起误报警。

（九）对射型微波探测器

对射型微波探测器也称波束遮挡型微波探测器，主要用于室外的周界防护。它的工作频率与微波多普勒效应探测器相同，但是原理不同，其采用的是场干扰原理。

1. 对射型微波探测器的工作原理。对射型微波探测器由分立的发射机和接收机组成，两者之间形成一个稳定的微波场，用来警戒所要防范的场所，如图 2－23 所示。一

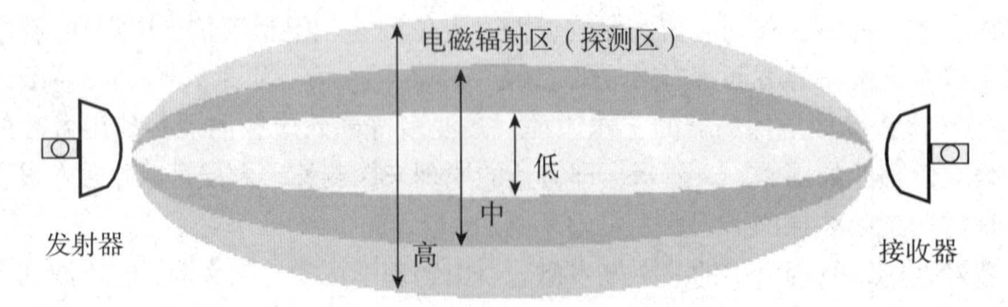

图 2－23　对射型微波探测器的工作原理

旦有人闯入这个微波建立起来的警戒区，微波接收机就会探测到一种异常信息，当这个异常信息超过事先设置的阈值时，便会触发报警。发射器的天线产生窄波瓣微波辐射，接收端是一个设定的电磁场。正常时，接收端检测一个基准的场强，当导体（人或车辆）通过探测区时，微波场受到干扰，将改变这个设定的电磁场的分布，接收端处的场强将发生改变，接收端检测到这个变化，即产生探测器报警信号。它的工作原理是电磁场检测，所以也称为微波场探测器，实物如图 2 – 24 所示。

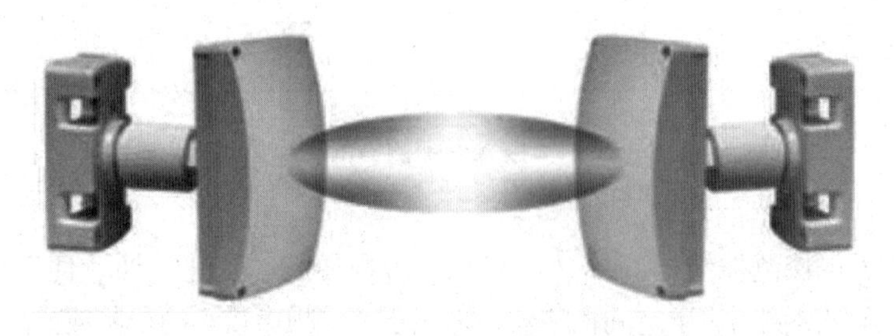

图 2 – 24　对射型微波探测器实物图

2. 对射型微波探测器的特点。对射型微波探测器的探测区由发射单元的天线决定，它有一定的高度和宽度，不同于主动红外探测器。对射型微波探测器不容易受环境因素（如气候、热源、噪声、空气流动）的影响，是较理想的室外周界探测器，风、雪、雾等自然现象对微波影响很小，不会影响其探测距离，故称为“全天候”探测器。与主动红外探测器相比，其可靠性比较高，误报率和漏报率较低。飞鸟、小树叶等穿过微波波束时不易引起误报警，同时受室外环境因素影响较小，工作可靠性较好。对射型微波探测器的监控距离比较远，它形成的警戒区域酷似一堵又厚又高的围墙，因此又有墙式微波探测器之称，特别适合于大型露天仓库、机场、武器库、军事基地、战略油库、大使馆、监狱、机要工厂等的周界防护。

（十）声控入侵探测器

声波是一种机械波，其频率范围比较宽。在声波中，一般将频率在 20Hz ~ 20kHz 范围内的声波称为可闻声波，这个波段的声波能够引起人耳的听觉；频率低于 20Hz 的声波称为次声波；频率高于 20kHz 的声波称为超声波。次声波和超声波都不能引起人耳的听觉，因此又可称为未闻声波。

1. 声控入侵探测器的工作原理。声控入侵探测器又叫可闻声波探测器，主要是靠探测入侵者在进行入侵活动中引起的可闻声波即各种声响进行报警。声控入侵探测器不仅可以进行立体空间的探测报警，还可以进行报警复核。如图 2 – 25 所示，声控探测器的传感器将声响信号变换为电信号，经前置音频放大器传送到报警控制器，再经音频功率放大、处理后控制发出报警信号。通常也可直接从音频功率放大器输出信号到喇叭或录音机，以便监听和录音。声控报警器有一个“报警—监听”开关，通常开关打在“报警”位置，报警器处于守候状态，当所防范的区域出现声响信号并超过一定值时，即发出报警信号。若开关打到“监听”位置，即可直接监听所防范的场所的声响情况，值班人员可以根据声响情况做出判断和处理。

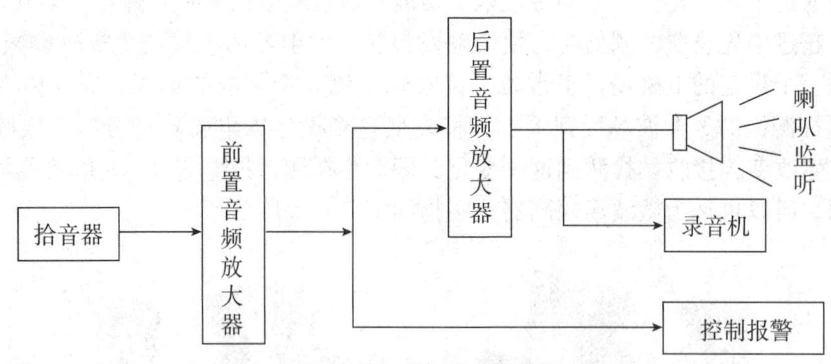

图2-25　声控入侵探测器的工作原理

2. 声控入侵探测器的特点。

（1）声控入侵探测器结构简单、体积小、价格便宜、安装方便、便于报警复核。

（2）声控入侵探测器属于空间探测器，适用于环境噪声较小的场所或夜深人静的时候。

（3）声控入侵探测器易受环境噪声影响，应将探测器灵敏度调到合适的位置，即当现场声响大于防范区域常出现的背景噪声的声强时才触发报警，同时对发声较小的入侵者又不会造成漏报警。

（4）安装时声控探头尽量靠近被保护的目标，同时应根据声学环境的变化适当调节探测器的灵敏度，以达到最佳的探测效果。

（5）自然环境中有些声音是无法避免的（如风雨雷电、车辆喧嚣等），导致声控探测器一定会误报或漏报，所以，声控探测器一般与其他报警装置配合使用，以提高防范可靠性。

（十一）声发射探测器

1. 声发射探测器的工作原理。声发射探测器的传感器将声响信号变换为电信号，经带通放大器，使所需检测的某一特定频带信号获得较高的增益，然后经信号处理，控制发出报警信号。声发射探测器与声控探测器的原理相似，只是响应的频率不同，把声控的音频放大器换成了带通放大器。带通放大器仅对某一较窄频段的频率进行高通放大，如玻璃破碎声发射探测器和凿墙、锯钢筋声发射探测器。

（1）玻璃破碎声发射探测器。玻璃破碎时产生的刺耳声响，由多种频率和声响强度混合而成。这种声频，人耳能听到，但人的发声器官一般发不出来。在日常生活环境中，噪声达到这种频率是比较少的。因此，玻璃破碎声探测器的带通放大器一般选用10～15kHz的高通放大器，这就使其对一般的声响信号（如说话、走动等）有较强的抑制作用，而对玻璃破碎时所发出的声响信号极为敏感，实物如图2－26所示。

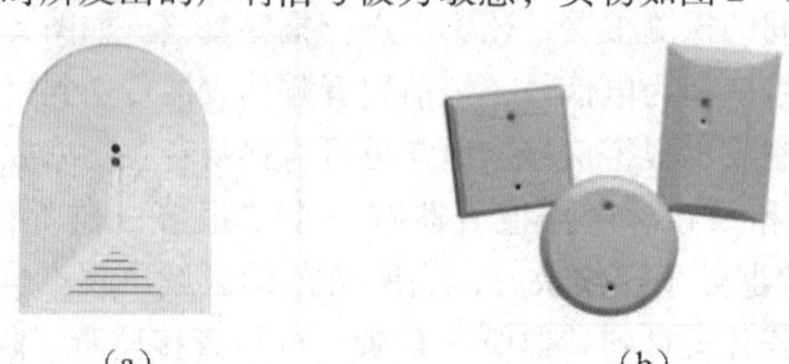

（a）　（b）

图2－26　玻璃破碎声发射探测器实物图

（2）凿墙、锯钢筋声发射探测器。当用锤子打击墙壁、天花板的混凝土和砖或用钢锯钢筋时都会产生声波。凿墙时产生的声波是一个衰减的正弦信号，频率约 1100 ~ 1300Hz，持续时间约 5ms；锯钢筋也产生一个衰减的正弦信号，频率约 3500Hz，持续时间约 15ms。凿墙、锯钢筋声发射探测器设置有阈值电平和用来鉴别特征频率的电路，以检测到声强超过一定阈值、频率特定的声信号为报警条件。

2. 声发射探测器的特点。玻璃破碎时发出声波频率的高低、声强的大小，同玻璃的厚度、面积有关。通常制造厂家在玻璃破碎声发射探测器说明书上都会给出这方面的数据，一般的门、窗、橱窗玻璃都在探测范围之内。玻璃破碎声探测器只对 10 ~ 15kHz 的高频声响信号有很强的响应能力，而凿墙、锯钢筋声发射探测器只对凿墙、锯钢筋声信号具有较强的响应能力，而对这一频带外的频率如人的说话、走动、开放电视机、开放收音机以及雷雨声等有较强的抑制作用。因此，声发射探测器对使用环境的要求不像声控探测器那样苛刻。

（十二）次声波探测器

1. 次声波探测器的工作原理。次声波探测器能探测频率低于 20Hz 的声波。次声波探测器的工作原理与声发射探测器相同，区别是采用低通滤波器滤去高频和中频音频信号而放大低频信号报警。次声波探测器所检测的次声来源为：一座房子通常是由墙壁、天花板、地板、门、窗等屏障同外界环境隔离，由于房屋内外的温度、气流等不同，气压存在一定差异。入侵者要想闯入，就一定要在这个空间的屏障上打开一个缺口（开门、开窗、打破玻璃、凿墙等）。由于内外环境之间的气压差，空气在缺口处扰动，产生一个次声波。另外，门、窗被推开，产生加速运动，其内侧表面压缩室内空气也会产生一个次声波。这两种次声波向房间四周扩散，一部分直接传送到次声波探测器，另一部分经室内四周墙壁反射后再次传送到次声波探测器。次声波探测器检测的是由气压差引起的次声波和开关门窗引起的次声波，并且这两种次声波必须达到一定的阈值才能报警。因此，只要外部的屏障不被破坏，在覆盖区域内部开关门窗、柜橱，人或小动物行走，扇扇子等所产生的次声波，因低于阈值都不会引起报警。

2. 次声波探测器的特点。次声波探测器不宜安装在有通风机、通风管道和有烟囱的建筑物内。次声波探测器安装在门窗直接通往用户的建筑内效果较好。这是因为户内外气压差较大的缘故。适用于安装铰链的门窗上，而不宜安装在滑动式（上下或左右滑动）门窗上，因为此类门窗密封效果不好，易产生误报。因为所检测的次声波包括直射波和反向波，对已经安装好次声波探测器的建筑物，如果室内声学环境有重大变化时（如铺设地毯、悬挂厚窗帘、墙面敷设吸声材料、室内增加吸声较强的家具等），必须重新检查和调试探测器。

（十三）超声波探测器

超声波是一种频率高于 20kHz 的、人耳听不见的声波。超声波探测器就是利用这种人耳听不见的超声波作探测源来探测防范区域中的移动目标进行报警的装置。超声波探测器根据其结构和原理的不同可分为两种类型：多普勒型超声波探测器和声场型超声波探测器。

1. 超声波探测器的工作原理。

（1）多普勒型超声波探测器是利用超声波对运动目标产生的多普勒效应构成的超声波探测器。多普勒型超声波探测器主要由超声波发射器和超声波接收器两部分组成，发射器发射超声波，经过天花板、墙壁及室内其他物体的反射，充满室内空间，超声波接收器接收反射回来的超声波，并不断与发射波的频率加以比较。当室内没有移动物体时，反射波与发射波的频率相同，不报警；当入侵者在探测区内移动时，反射波会产生多普勒频移，接收机检测出发射波与反射波之间的频率差异后即触发报警。多普勒型超声波探测器一般使用具有一定方向性的超声波传感器，它产生的超声波能量场分布面向防区呈椭圆形，控制面积可达数十平方米，视场角度为数十度。多普勒型超声波探测器一般安装在天花板或墙壁上，这种探测器的探测灵敏度与物体的运动方向有关，安装时要将发射角对准入侵者最有可能进入的部位，因为当入侵者向着或背着超声波探测器的方向行走时，会产生最大的多普勒频移，故探测器的灵敏度也比较高。

（2）声场型超声波探测器的原理与多普勒型超声波探测器不同，它是根据驻波场的物理效应原理工作。超声波在密闭室内，经固定物体（如天花板、地板、墙壁和家具等）的多次反射，布满室内各个角落并形成复杂驻波状态，即有许多波腹点和波节点。波腹点能量密度大，波节点能量密度低，其超声波能量分布也不是均匀的。当没有物体移动时，超声波能量分布处于一种稳定状态；当改变室内固定物体分布时，超声能量的分布就会改变到另一稳定状态，即波腹点和波节点的能量密度与其所处的位置被重新调整。当室内有移动物体时，则会使波腹点和波节点的分布发生连续变化，而超声波接收器接收到这连续变化的信号后就能探测出移动物体的存在，从而产生报警信号，变化信号的幅度与超声波频率和物体移动的速度成正比。

2. 超声波探测器的特点。多普勒型超声波探测器和声场型超声波探测器均为空间控制型探测器，主要适用于室内。超声波是机械波，不受外界电磁波的干扰。一般只要安装得当，超声波经多次反射几乎能够充满房间的任何角落，可使警戒区内不存在死角，各种不同形状、面积的房间均可使用。超声波探测器安装方便、灵活，可根据实际情况采用一发一收、一发多收或多发多收的安装方式。安装时需注意：

（1）超声波探测器最好安装在密闭性较好的室内，门、窗要求关闭，其缝隙也应足够小。同时，安装位置不应靠近室内电扇、空调和暖气等容易产生空气流动的设备，以防误报警。

（2）墙壁要求隔声性能好（一般砖墙均可，但不要使用纤维板墙），以免室外超声波干扰源（如汽笛声、蒸汽泄漏声、排气声等都伴随有超声波产生）引起误报警。

（3）超声波的穿透性能比较差，因此，室内的家具最好靠墙放置，尽量减少探测盲区。

（4）要根据使用环境的要求，选择适当的超声波探测器和选择适当的安装布局方式。

（5）探测器安装位置应使其发射角对准入侵者最可能进入的场所，以提高其探测灵敏度。

（十四）振动入侵探测器

当入侵者进入设防区域，引起地面、门窗的振动，或者入侵者凿墙、钻洞、破坏门窗、撬盗保险柜时，都会引起地面或相关物体的振动，振动入侵探测器探测到这些振动并发出报警信号。振动入侵探测器由振动传感器和信号处理电路构成，根据所用的传感器种类不同，分为机械式振动探测器、电动式振动探测器和压电式振动探测器。

1. 机械式振动探测器的工作原理和特点。机械式振动探测器主要利用各种机械式（或位移式）振动传感器，即各种振动型机械开关，把感知的机械振动转换成电信号。机械式振动探测器既能用于室内，也能用于室外做周界防护。一般将探测器以适当的间距固定在周界的墙壁、铁丝网或围栏上，并用电缆将多个探测器串联或并联起来，再与报警电路相连。一旦入侵者试图爬越铁丝网、围栏或进行凿墙、钻洞等活动时，就会因振动而使探测器开关开路（或短路），从而发出报警。机械式振动探测器的优点是误报率低、价格适中，但控制范围较小，一般只能控制墙面 $2\sim4m^2$，只适合小范围的防护。

2. 电动式振动探测器的工作原理和特点。电动式振动探测器主要使用电动式振动传感器来感知振动。电动式振动传感器由永久磁铁、线圈、弹簧、壳体等组成。将传感器固定在墙壁、天花板、地面或周界的铁丝网上，当外壳受到振动时，就会使永久磁铁与线圈之间产生相对运动，由于线圈中的磁通不断地发生变化，根据电磁感应定律，在线圈两端就会产生感应电动势，将线圈与报警电路相连，当感应电动势的大小与持续时间满足报警要求时，即可发出报警信号。电动式振动探测器灵敏度高，控制范围大，稳定性好，既适用于室内的建筑物振动探测，也适用于室外的周界防护。但是由于传感器中有容易磨损的活动部件，随着使用时间的增加，将会引起性能变化，如磨损、老化等，使其工作性能变差，因此，需要定期检修，以确保工作的可靠性。

3. 压电式振动探测器的工作原理和特点。压电式振动探测器主要使用压电传感器感知振动，利用压电材料的压电效应将作用在其上的机械振动转变为相应大小的电压，达到阈值时即可触发报警。压电式振动探测器适用的范围很广，用于室内时，可探测墙壁、天花板等和玻璃破碎时产生的振动。将其掩埋在地下，埋在泥土或较硬的表层物下面，可用来探测入侵者在地面上行走时产生的振动。将其固定在保护网或桩柱上，可探测入侵者翻爬，破坏栅网、桩柱时引起的振动。安装时应远离非入侵振源，埋入地下的探测器应与周围的物体，如树木、电线杆等保持适当的距离，以免这些物体因风吹晃动导致误报警。

（十五）泄漏电缆入侵探测器

泄漏电缆是一种特制的同轴电缆。通常的电缆是不允许电能往外泄漏的，泄漏电缆却与此相反，它有意识地向外界泄漏电能或从外部接收电能，因此，这种电缆有特殊的结构。

1. 泄漏电缆入侵探测器的工作原理。泄漏电缆是专门加工过的同轴电缆，在电缆的外屏蔽层开一系列（方形、菱形）小孔，开口的尺寸和间距沿电缆长度方向变化，使电缆在一定长度范围内能均匀地向外辐射能量。这样电缆也可以接收外界电磁波，来检测设定电磁场的变化，内部结构如图 2－27 所示，实物如图 2－28 所示。将两根泄漏电缆按一定的距离平行布设，就可以构成周界入侵探测系统。两根电缆的耦合方式有同向和反向两种，一根向空间发射电磁波，另一根则接收电磁波。当导体通过探测区域时，接收电缆检测电磁场的变化，即可产生报警输出。

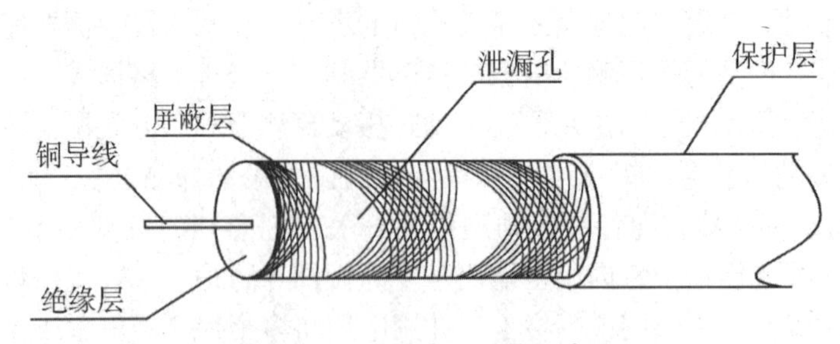

图 2－27　泄漏电缆结构示意图

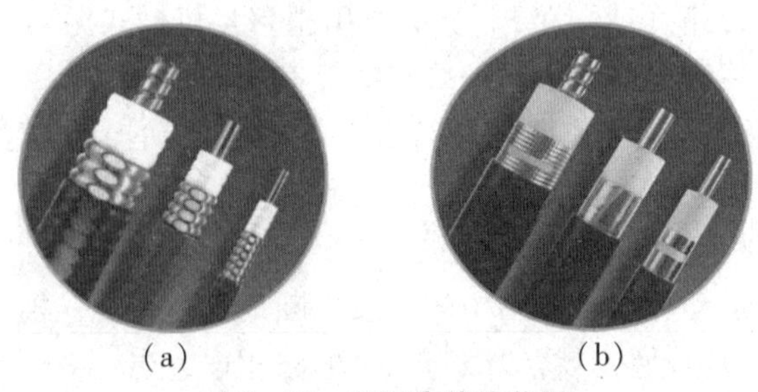
（a）　（b）

图 2－28　泄漏电缆实物图

2. 泄漏电缆入侵探测器的特点。通常将泄漏电缆埋设在地下，构成周界入侵报警系统，有两线组成的，也有三线组成的。如图 2－29 所示，两线组成时，一根电缆发射能量，另一根电缆接收能量，两者之间形成一个电场。当有人进入此电场时，干扰了这个耦合场，此时在感应电缆里便产生了电量的变化，此变化的电量达到预定值时便触发报警。三线组成时，中间的一根电缆发射能量，两边的两根电缆接收能量，中间的一根要和其两边的两根电缆之间都各自形成一个稳定的电场。当有人进入此场时，就会产生干扰信号，在其中的一根或两根感应电缆中便产生了变化的电量，此量达到预定值时便触发报警。泄漏电缆入侵探测器适用于高级安全保护区。由于是掩埋在地下的，所以它不易受到损害，恶劣的气候环境对其影响极小，动物及植物对其基本没有影响。由于感应原理不同，它对声音振动、压力的变化不敏感；对静止物体有自我调节功能；不受地形限制，地面不需整平。它能全天候工作，隐蔽性、抗扰性好，探测概率高，适合于高安全要求、长距离周界的应用，但是系统维护要求高、价格相对高。

图 2－29　泄漏电缆入侵探测器的应用

（十六）电场感应周界探测器

1. 电场感应周界探测器的工作原理。将两根或多根高强度的带绝缘层的导线平行架设在一些支柱上，在多条平行线中一部分是电场线，另一部分是感应线，如图 2－30 所示。导线间保持一定距离，电场线加有 10kHz 的高压信号；感应线与信号处理电路相连。电场线中的交变电流在其周围形成交变电磁场。根据电磁感应原理，感应线中有感应电流产生。正常时处理电路检测这个稳定的电磁场，当有入侵者靠近或跨越该电磁场，探测区电磁场分布状态改变，感应线中的感应电流也会发生变化，经信号处理后产生报警信号。

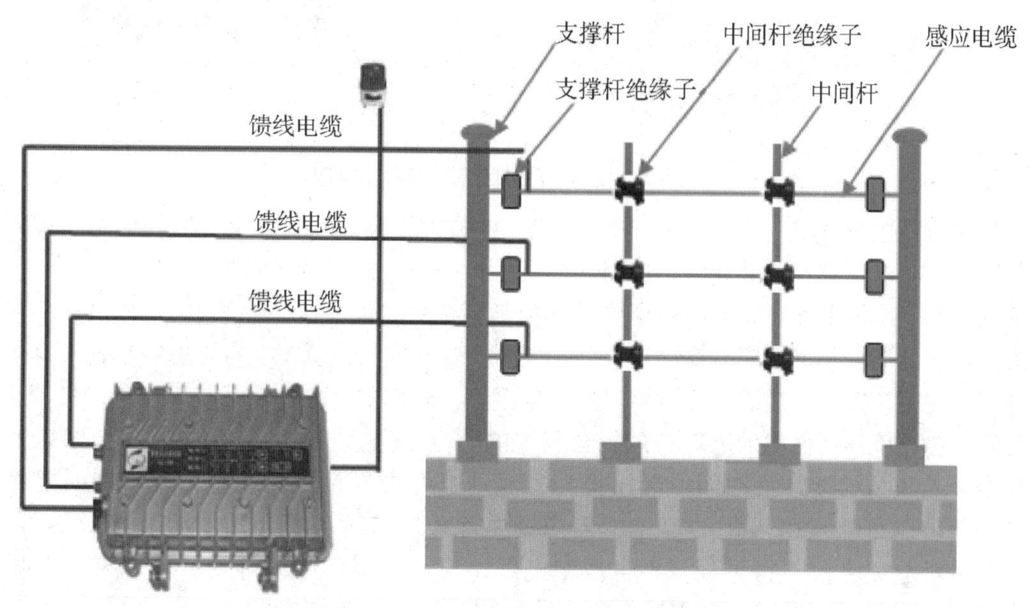

图 2－30　电场感应周界探测器示意图

2. 电场感应周界探测器的特点。该系统采用自适应处理技术，探测灵敏度高，能准确地探测入侵者，并能有效地排除飞鸟、小动物等引起的误报警，适合于仓库或小区围墙的应用。电场线和感应线的数目可以是一对一，也可以是一对二，即一根电场线两边各放置一根感应线。电场线和感应线要尽量保持平行，线间间距为 25～100cm。电场感应周界探测器可以全天候工作，误报率和漏报率都很低。

（十七）振动电缆周界探测器

1. 振动电缆周界探测器的工作原理。振动电缆周界探测器是典型的线型探测装置。振动电缆的工作原理是电磁感应定律。振动电缆断面示意图和实物图如图 2－31 所示。振动电缆由固定导体、活动导体、磁性内被覆及外被覆组成。掺杂了磁性材料的内被覆，形成一静磁场，在其形成的空隙内（磁场中）敷有活动导体。根据电磁感应定律，电缆受振动时，活动导体随之发生的运动会产生感生电流，检测这个感生电流，通过与固定导体形成的回路输出检测信号，就可形成报警输出。

2. 振动电缆周界探测器的特点。振动电缆中固定导体与活动导体形成的两组输出接成反向，可以提高探测灵敏度，两条振动电缆的输出信号作为后置控制器的共模输入，可提高系统的抗干扰能力。因为由于环境因素（如风、远处强大的振动）引起电缆的振动，两条电缆的探测输出是同向的，而人的入侵活动产生的输出则是反向的。后置控制器可控制多条振动电缆、接收多个区域电缆输出的报警信号，将它们组合成一个

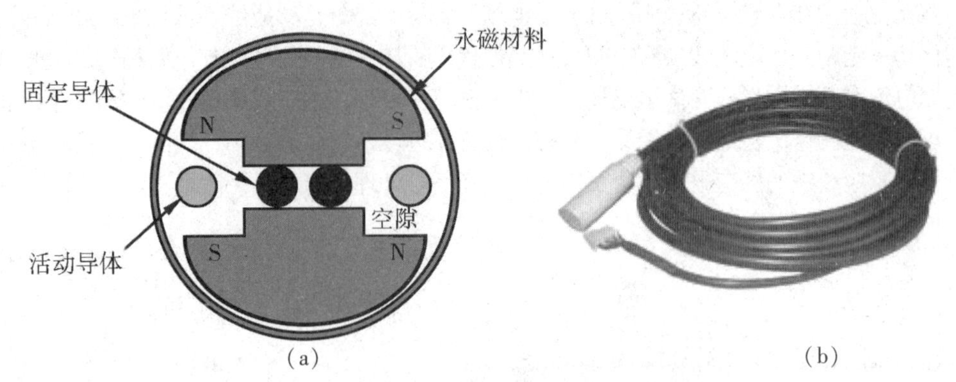

图 2－31　振动电缆断面示意图和实物图

完整的周界探测系统，如图 2－32 所示。振动电缆周界探测器还具有监听功能，当周界栅栏受到冲击、攀爬等破坏时，探测器在发生报警信号的同时还可监听到现场的声音，所以又称传声器电缆。振动电缆周界探测器安装简便，因为电缆有一定的弯曲度，使得布线方便灵活，可直接安装在周界的防护栅栏、铁丝网或围墙上，特别适宜在地形复杂的周界使用。振动电缆周界探测器对气候、温度、环境的适应性较强，可在室外各种恶劣的自然环境和高低温的环境中进行全天候的防范工作。同时，该探测器不会因警戒线附近人和物的正常活动而引起误报警。振动电缆周界探测器在室内使用时，可将电缆敷设在可能发生入侵的墙壁、天花板或地板的合适位置上，明敷、暗敷均可。施工中对电缆牵拉不得过猛，不得扭结电缆，也不可损坏电缆外皮，电缆末端要做防潮处理。振动电缆周界探测器的电缆分区要适当，一般不超过 300m，以使能准确判断入侵位置。

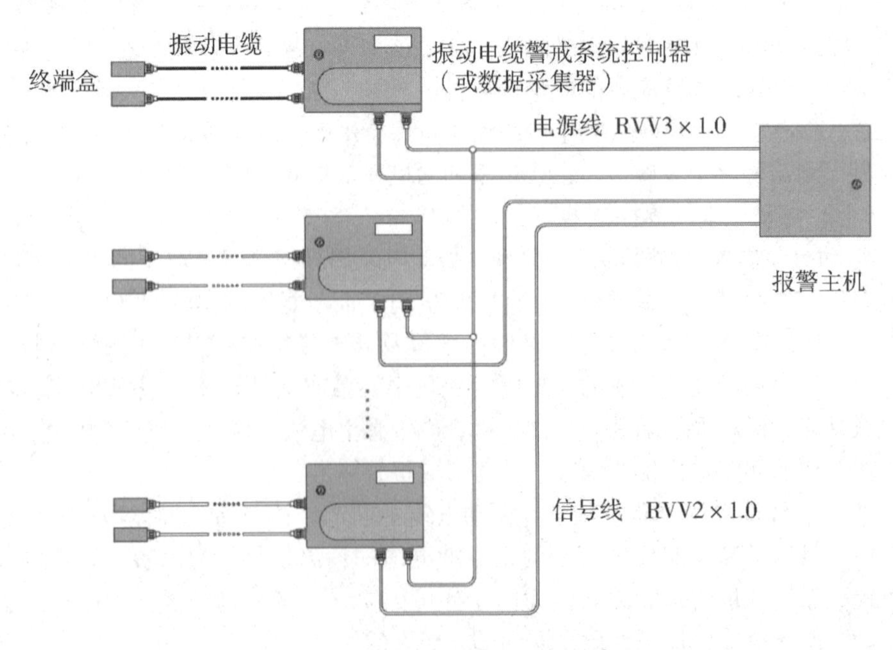

图 2－32　振动电缆周界探测器示意图

（十八）电子脉冲围栏式入侵探测器

1. 电子脉冲围栏式入侵探测器的工作原理。电子脉冲围栏式入侵探测器由电子脉冲围栏主机和前端探测围栏组成。电子脉冲围栏主机产生和接收高压脉冲信号，并在前端探测围栏处于触网、短路、断路状态时能产生报警信号，并把入侵信号发送到安全报警中心。前端探测围栏由杆及金属导线等构件组成的有形周界，通过控制键盘或控制软件可实现多级联网。电子脉冲围栏式入侵探测器是一种主动入侵防越围栏，对入侵企图做出反击，击退入侵者，延迟入侵时间，不威胁人的性命，并把入侵信号发送到安全部门监控设备上，以保证管理人员能及时了解报警区域的情况，快速地做出处理。电子脉冲围栏的阻挡作用，首先体现在威慑功能上，金属线上悬挂警示牌，一看到便产生心理压力，且触碰围栏时会有触电的感觉，足以令入侵者望而却步；其次电子脉冲围栏本身又是有形的屏障，适当的高度和角度安装，很难攀越；最后如果强行突破，主机会发出报警信号，如图 2－33 所示。

2. 电子脉冲围栏式入侵探测器的特点。传统的红外对射对入侵者起不到阻挡作用，高压电网虽然能起到阻挡作用，但强大的电流会导致人被伤害甚至死亡。脉冲电子围栏除了有阻挡作用外，当有入侵者触及围栏时，系统给予电击（裸露导线接通由脉冲电压发生器发出的低能量的脉冲高压），由于能量极低且作用时间极短，因而对人体不会构成伤害。一旦触及，也会因直接有触电感而离开，能够真正实现阻挡、威慑、报警和联动监控系统的功能。

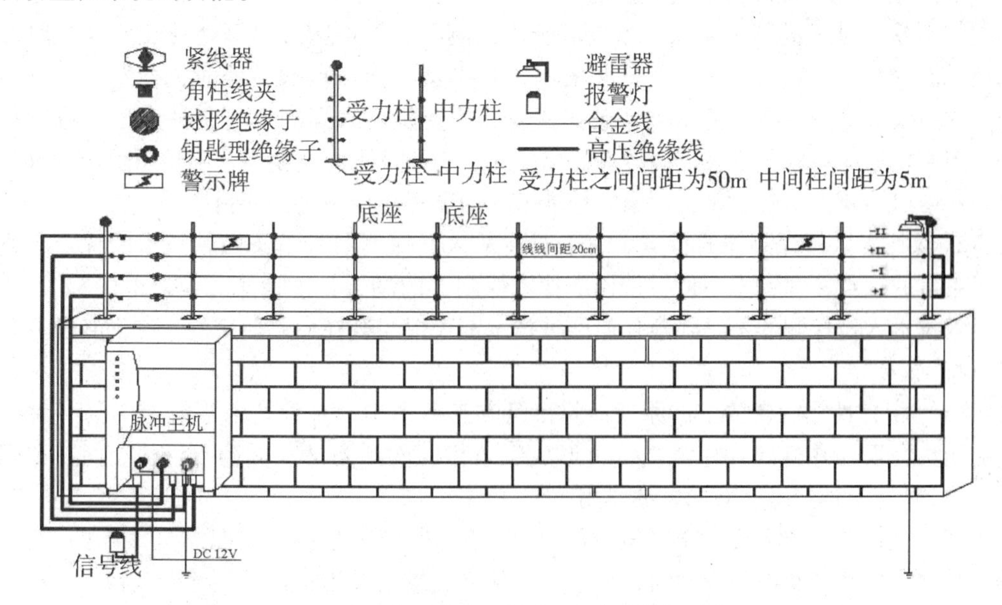

图 2－33　电子脉冲围栏式入侵探测器示意图

（十九）双技术入侵探测器

双技术入侵探测器又称为双鉴探测器或复合式探测器，是将两种不同的技术（不同探测原理）结合在一起的探测装置，以“相与”的关系来触发报警，即只有当两种探测技术同时或相继在短暂的时间内都探测到目标时才会发出报警信号。

1. 常见的双技术入侵探测器的原理。

（1）微波—被动红外双技术探测器。微波—被动红外双技术探测器采用了微波及红外线两种探测技术，必须同时感受到入侵者发出的红外线及移动时才会发出报警信号。微波—被动红外双技术探测器比其他双技术探测器的误报率低，更比微波或被动红外单技术探测器的误报率低很多，是应用最广泛的双技术探测器。微波—被动红外双技术探测器属于空间型探测器，主要适用于室内。安装时，要求在探测区内两种探测器的灵敏度能够保持平衡，微波探测器一般对沿径向移动的物体最敏感，而被动红外探测器对横向切割探测区的人体最敏感，因此，应使探测器径向与入侵者呈45°角为好。

（2）超声波—被动红外双技术探测器。超声波—被动红外双技术探测器是将超声波探测技术和被动红外探测技术结合在一起。超声波和红外线都不会穿透墙壁、门窗，所以，室外的移动物体不会造成误报警，这一点要优于微波—被动红外双技术探测器。超声波和被动红外双技术探测器对气流扰动比较敏感，所以这种探测器不适合安装在通风好、空气流动大的位置。

（3）声音—振动双技术玻璃破碎探测器。声音—振动双技术玻璃破碎探测器不会因周围环境中的其他声响而发生误报警，只有同时探测到玻璃破碎时发出的高频声音信号和敲击玻璃产生的振动才能触发报警。它和单技术玻璃破碎探测器相比，可以有效地减少误报警，增加探测系统的可靠性。

（4）次声波—高频声波双技术玻璃破碎探测器。敲击门、窗等处的玻璃（此时玻璃还未破碎）时，会产生一个超低频的次声振动波，而当玻璃破碎时，会发出高频声波。次声波—高频声波双技术玻璃破碎探测器主要是用来探测上述两种声波并进行报警，与声音—振动双技术玻璃破碎探测器相比，它不仅可以避免单一噪声所引起的误报警，还可以防止由于外界干扰因素致使墙壁、门窗等振动引起的误报警。

2. 双技术入侵探测器的特点。由于双技术入侵探测器具备了两种技术的优点，避免了各自的缺点，在许多不适宜使用单技术探测器的场合都能使用，应用范围扩大了。但是双技术入侵探测器不是随意任何两种技术都可以组合在一起使用的，它们必须具备以下特点：

（1）相容性。两者的工作原理不同，但应互不影响，一种技术不能成为另一种技术的干扰因素，并且两种探测技术可形成大致相同的探测区（同为点、线、面、空间探测），以使两种技术能共同发挥作用。

（2）互补性。两种技术应各有所长，并可实现优势互补，如探测灵敏度的互补，当一种技术对某一状态不灵敏时，另一种技术恰好较为灵敏；抗干扰性的互补，一种干扰因素不能同时对两种技术起作用。

（3）两种技术在结构上能够集成为一体，可以封装在一个机壳内，并具有基本相同的安装要求。

能够满足上述要求的、可以构成双技术探测的选择并不多。目前，市场上有三鉴探测器或三技术探测器，实质上就是在双鉴探测器中采用了微处理器智能分析技术，这一技术在双技术探测器中的应用，使入侵探测器实现了人工智能化，能较好地克服小动物入侵引发的误报警，使误报警率降低到最小。

三、入侵探测器的主要性能指标

对入侵探测技术的评价分为两个层面，一是对探测器、报警控制器等产品的评价，主要是通过对这些产品技术指标的测试来评价产品的性能、功能和适应性。二是对由上述产品构成的报警系统的评价，包括系统技术指标的测试和功能的检测。对入侵探测器的评价基本上是在实验室环境下对产品进行各项技术指标的测量，而对报警系统的评价主要是在实际应用环境下对系统效果的评价。概括地讲，对入侵探测器的评价是以客观测试为主，而对报警系统的检测则是以主观评价为主。两个评价中有许多技术指标具有相同的含义，但实际测量或评价方法不同。入侵探测器的种类繁多，工作原理也不尽相同，不同类的探测器之间差别很大，正是这些性能指标体现了探测器的特点，主要有：

（一）探测范围

探测范围，即探测器所能防范的区域。点型入侵探测器的探测范围可近似看作一个点；线型入侵探测器的探测范围用作用距离表示，如某主动红外探测器的探测距离为15m；面型入侵探测器的探测范围用作用距离和一个探测角度表示，如某振动探测器作用距离是7m，探测角度在360°范围内；空间型入侵探测器的探测范围可用作用距离、两个探测角度（水平、垂直）表示，如某被动红外探测器作用距离是12m，水平角度为84°，垂直角度为42°。

（二）探测灵敏度

探测灵敏度，是指入侵探测器能够触发报警控制器发出报警所需要的最小输入探测信号。不同工作原理的探测器探测的物理量或状态变化量不同，因此，这个指标也有不同的含义和测量方法。通常都是在产品标准中规定：

1. 被动红外探测器的灵敏度用最小可探测温度差来度量。

2. 微波多普勒效应探测器的灵敏度用最小可探测速度来表示。

3. 对振动探测器灵敏度的测量是将其放在木板上，将一定质量金属球垂直落在距探测器规定距离处，以探测器产生报警的最低高度作为灵敏度的测量值。

4. 磁控开关探测器用其两部分可以产生报警的最小间距来表示灵敏度。

5. 主动红外探测器用可以产生报警的最大距离测量灵敏度。

（三）响应时间

探测器对异常情况（可能为入侵）的反应速度用时间来度量。响应时间是指从探测区出现入侵目标到探测器发出报警信号的时间。显然，它与安全防范系统响应有不同的含义。直观地理解，探测器的响应时间越小越好，以利于快速反应，实际上它与反应时间相比是可以忽略的，所以许多探测器为提高探测的真实性，往往适当增加响应时间。例如，被动红外探测器的计数处理，主动红外探测器提高光路遮挡时间，都可以降低误报警。由于各类探测器的工作原理差别很大，这个指标的意义也不同，例如，开关类探测器要比空间型探测器的指标高，但后者增大了响应时间，提高了探测的真实性。

（四）误报率

在没有出现危险情况时报警器发出报警的现象叫误报警。误报率通常有两种表示方法，一种用在某一单位时间（年、月、日等）内发生误报警的次数来表示，称为绝对误报指标；另一种用误报警次数和报警总次数的百分比来表示，即误报率 =（误报警次数/报警总次数）×100%。误报率越小越好。

（五）漏报率

当出现危险情况时报警器没有发出报警的现象叫漏报警。漏报警次数和报警总次数的百分比称为漏报率，即漏报率 =（漏报警次数/报警总次数）×100%。漏报率越小越好。

（六）防破坏功能

防破坏可以分为物理防护和电气防护两方面。探测器的物理防护包括外壳防护等级和防破坏措施。前者根据探测器应用环境的不同，等级要求也不同，通常是由产品标准来规定；后者是对探测器的通用要求，主要是防拆、防移位措施，通过在机壳内设置行程开关，当机壳被打开或被移动时发出报警信号。探测器的电气防护主要是自身状态、传输线路和供电状态的监测，与报警系统一起来实现。对于不同的探测器，防破坏措施也不同。

实训　入侵报警系统的应用

实训一　入侵报警系统的认知

一、实训目的

1. 了解入侵报警系统应用场所。
2. 通过观察进一步了解入侵报警系统的组成及工作原理。
3. 学会识别入侵报警系统的各类前端设备。
4. 学会识别入侵报警系统的路由。

二、实训器材

学校（或附近小区）的入侵报警系统监控室（或中心监控室）。

三、实训内容

组织学生参观学校和附近小区的入侵报警系统监控室（或中心监控室），了解入侵报警系统的类型及系统运行情况，观察该系统中所用到的入侵探测器的类型、数量、安装情况，写出调研报告，组织学生分组讨论。

实训二　入侵探测器的安装与调试

一、实训目的

1. 学会阅读入侵探测器的说明书（中英文）。
2. 了解各种入侵探测器的组成及工作原理。
3. 了解各种入侵探测器的应用场所。
4. 通过说明书掌握入侵探测器的安装及使用要求。
5. 学会常用入侵探测器的连接与调试技术。

二、实训器材

入侵报警主机、线缆、工具箱、辅材及常用的入侵探测器，如被动红外入侵探测器、玻璃破碎探测器、振动入侵探测器、主动红外对射探测器、磁控开关探测器、紧急按钮、压力垫、被动红外/微波双鉴探测器等。

三、实训内容

1. 选择合适的入侵探测器并阅读说明书。
2. 将各种探测器按照说明书的要求安装在合适的位置。
3. 确定入侵探测器与报警主机的路由。
4. 选择正确的接线方式与报警主机连接。
5. 对各种入侵报警探测器分别进行调试。

实训三　入侵报警主机的安装与调试

一、实训目的

1. 学会阅读入侵报警主机的说明书（中英文）。
2. 了解入侵报警主机的组成及工作原理。
3. 掌握入侵报警主机的安装位置。
4. 掌握入侵报警主机的调试。
5. 学会入侵报警主机与各种探测器的连接方式。

二、实训器材

入侵报警主机、线缆、工具箱、辅材及常用的入侵探测器，如被动红外入侵探测器、玻璃破碎探测器、振动入侵探测器、主动红外对射探测器、磁控开关探测器、紧急按钮、压力垫、被动红外/微波双鉴探测器等。

三、实训内容

1. 阅读入侵报警主机的说明书。
2. 按照安装示意图将入侵报警主机安装在合适的位置。
3. 按照接线图选择正确的接线方式将报警主机与入侵探测器连接。
4. 对入侵报警主机进行调试。

实训四　入侵报警系统的设置及检测

一、实训目的

1. 认识入侵报警系统的连接方式。
2. 熟练使用入侵报警主机键盘，将主机与各种探测器进行分区连接。
3. 能熟练地使用报警主机键盘对入侵报警系统设置管理权限、时间、日期等。
4. 能熟练地使用报警主机键盘对入侵报警系统进行布防、撤防、旁路等设置。
5. 掌握入侵报警主机和前端探测器的检测方法。

二、实训器材

入侵报警主机、线缆、工具箱、辅材及常用的入侵探测器，如被动红外入侵探测器、玻璃破碎探测器、振动入侵探测器、主动红外对射探测器、磁控开关探测器、紧急按钮、压力垫、被动红外/微波双鉴探测器等。

三、实训内容

1. 选一款报警主机及配套的键盘和几种常用的报警探测器，让学生自己动手安装成总线制入侵报警系统。

2. 使学生了解总线制入侵报警系统中入侵报警主机与探测器、探测器与模块、模块与主机之间的关系。

3. 掌握各附件如键盘、声光警号、蓄电池的接线方式。

4. 系统安装完后使用入侵报警主机键盘，将主机与各种探测器进行分区设置。

5. 使用报警主机键盘对入侵报警系统设置管理权限、时间、日期等。

6. 使用报警主机键盘对入侵报警系统进行布防、撤防、旁路等设置。

7. 对报警主机和前端探测器进行检测，使学生掌握入侵报警系统的编程、调试等技能。

实训五　入侵报警系统的运行维护

一、实训目的

1. 掌握入侵报警系统的运行维护方法。
2. 能对入侵报警系统出现的故障进行排查。

二、实训器材

图样、资料、仪器仪表、入侵报警主机、线缆、工具箱、辅材及常用的入侵探测器，如被动红外入侵探测器、玻璃破碎探测器、振动入侵探测器、主动红外对射探测器、磁控开关探测器、紧急按钮、压力垫、被动红外/微波双鉴探测器等。

三、实训内容

1. 掌握各种入侵探测器和报警主机的运行维护方法。
2. 在入侵报警系统中人为地设置一些故障，让学生去分析、排查故障。
3. 在实训过程中让学生观察操作的顺序及技能，做好运行维护记录。

实训六　入侵报警系统综合实训

一、实训目的

1. 进一步熟悉入侵报警系统的组成及工作原理。
2. 进一步熟悉各类入侵探测器的使用场合。
3. 能写入侵报警系统的设计任务书。
4. 能熟练地绘制防区划分示意图、设备平面布置图。
5. 能绘制系统框图、管线路由示意图。
6. 能熟练掌握入侵报警系统的设计方法。

二、实训器材

小区平面图、家庭平面图、各类入侵探测器、报警主机。

三、实训内容

小区入侵报警系统设计：以某一小区及其中的一个家庭住宅为对象，设计小区及家庭的入侵报警系统。小区入侵报警系统根据具体情况进行合理配置。家庭入侵报警系统的配置可用报警主机、被动红外入侵探测器、玻璃破碎探测器、可燃气体探测器、主动红外对射探测器、磁控开关探测器、紧急按钮、双技术入侵探测器等。

根据学生对课程的学习程度，完成以下任务：

1. 写出设计任务书并选定系统类型。
2. 绘制防区划分示意图、设备平面布置图。
3. 绘制系统框图、管线路由示意图。
4. 设置系统的参数并设计模拟验证。
5. 进行设计验证，必要时配合设计方案对个别设备做调整。
6. 写出小区入侵报警系统的实验报告并分组讨论。
7. 与原有入侵报警系统进行比较，并总结入侵报警系统设计的方法。

要点小结

本模块介绍了入侵报警系统的原理、种类、组成、技术指标等。

入侵报警系统，是指利用传感器技术和电子信息技术，探测并指示非法进入或试图非法进入设防区域（包括主观判断面临被劫持或遭抢劫或其他危急情况时，故意触发紧急报警装置）的行为，处理报警信息，并发出报警的电子系统或网络。

入侵报警系统由入侵探测器、传输信道和入侵报警控制器三部分组成。

入侵报警系统可以按照规模和功能的不同分为家庭入侵报警系统、小区入侵报警系统、周界防范入侵报警系统、110 治安入侵报警系统、重要区域入侵报警系统。

入侵报警系统的评价指标有：系统响应、探测概率、灵敏度、探测范围（探测区）、误报率、防破坏功能、抗干扰能力、可靠性、系统功能、信息存储。

入侵探测器通常按照传感器的种类、工作方式、传输信道、警戒范围、应用场合、工作原理等进行分类。

本模块重点介绍了磁控开关探测器、微动开关探测器、压力垫开关探测器、水银开关探测器、主动红外探测器、被动红外探测器、激光入侵探测器、微波多普勒效应探测器、对射型微波探测器、声控入侵探测器、声发射探测器、次声波探测器、超声波探测器、振动入侵探测器、泄露电缆入侵探测器、电场感应周界探测器、振动电缆周界探测器、电子脉冲围栏式入侵探测器、双技术入侵探测器等入侵探测器的工作原理及特点。

入侵探测器的主要性能指标有：探测范围、探测灵敏度、响应时间、误报率、漏报率、防破坏功能。

模块三　视频安防监控系统的应用

学习目标

1. 掌握视频安防监控系统的功能、分类，了解视频安防监控技术的进展。

2. 掌握模拟视频安防监控系统的结构，掌握摄像机、矩阵主机、硬盘录像机等主要安防设备的功能、作用，了解其工作原理、接口特点和主要性能参数，了解镜头、防护罩、解码器等安防辅助设备的功能、作用。

3. 掌握数字视频安防监控系统的结构，掌握网络摄像机、网络硬盘录像机、视频编码器、解码器等数字安防监控设备与模拟系统的相同和区别。

4. 了解视频安防监控系统存储技术的历史和发展进程。

项目一　视频安防监控系统概述

视频安防监控系统是安全防范系统的重要组成部分，对预防和制止犯罪、维护社会稳定起到了巨大作用。早期安全防范系统中，视频安防监控只是一种报警复核手段，现在视频安防监控技术已发展成为安全防范系统技术集成的核心，其通过提供实时、真实、直观的信息为指挥决策提供帮助，也可以作为证据为事后的调查提供依据，而且已经成为多种系统（如入侵报警系统、建筑环境监控等）联动的核心。

一、视频安防监控系统的概念与组成

（一）视频安防监控系统的概念

视频安防监控系统，是指利用视频技术探测、监视设防区域并实时显示、记录现场图像的电子系统或网络。其根本任务是根据建筑物的使用功能及安全防范管理的要求，对必须进行视频安防监控的场所、部位、通道等进行实时、有效的视频探测、视频监视，以及图像显示、记录与回放，同时，宜具有视频入侵报警功能。与入侵报警系统联动设计的视频安防监控系统应有图像复核和声音复核功能。

（二）视频安防监控系统的组成

视频安防监控系统一般由前端、传输、控制、显示及存储五个主要部分组成。

1. 前端部分。以摄像机为主，完成图像生成和摄取任务；包括一台或多台摄像机，以及与之配套的镜头、云台、防护罩、解码器等其他辅助设备。

2. 传输部分。即有线或无线传输设备，把摄像机拍摄的图像传输到监控中心或者合法的工作站；包括电缆、光缆与微波等传输介质，以及可能的有线/无线信号调制解

调设备等。

3. 控制中心。控制中心是整个视频安防监控系统的核心，具有完成实时监控、切换与控制、系统配置、报警联动等功能；包括视频切换器、云台镜头控制器、操作键盘、各类控制通信接口、电源和与之配套的控制台、监视器柜。

4. 显示部分。显示图像；一般监控中心机房设置电视墙，副监控中心设置普通监视器即可。

5. 存储部分。存储录像；一般位于监控中心机房，包括各种视频录像机、磁盘阵列以及存储服务器等。

二、视频安防监控系统的功能与应用

（一）视频安防监控系统的功能

视频安防监控系统的基本功能是提供实时监视，并对被监视的画面进行录像存储，以便事后回放。高级的视频监控系统可以对监控装置进行远程控制，并能接收报警信号，进行报警触发与联动。

（二）视频安防监控系统的应用

1. 实时监控。对防范区域实时监控是视频安防监控系统最普遍的应用，如建筑物的安全监控、监所监控、城市道路的监控与重大活动或重要单位的安全监控等。社会上大量的安全防范系统的视频监控主要采用实时监控方式。

2. 探测信息的复核。高风险单位（文博、金融、监所等）及社区、商业部门的防盗、防抢系统多是以入侵探测和出入口管理为主的。由于技术的局限性和环境的影响，系统的探测信息中有大量的信息是虚假的，通过图像技术进行真实性评价是必要的，是降低系统误报率的有效途径。

3. 图像信息的记录。安全防范系统要具有信息记录功能，目前大多数系统都采用记录图像信息的方式。有些安全防范系统的主要功能就是记录图像信息，如银行营业场所的柜员制监控和高保密部位生产过程的监控等。

4. 指挥决策系统。安全防范系统有时要求具有应急反应能力，系统的监控中心即是指挥中心，指挥中心将获得的现场实时图像作为指挥决策的重要依据。例如，大型活动的安全监控中心通常就是一个以实时视频安防监控为核心的系统。

5. 视频移动侦测。视频移动侦测功能是视频安防监控的一个主要技术发展方向，现在已有了一些初步的应用。利用图像技术进行各种生物特征识别的系统会随着技术的发展、应用环境的改善等越来越成熟。

6. 安全管理。安全管理功能主要是利用远程监控实现远距离、大范围的视频安防监控，从而对岗位、哨位及安全系统自身进行有效的监控。好的安全管理系统会极大地提高安全防范系统的效能。

三、视频安防监控系统的技术进展

（一）视频探测

视频探测是在一幅图像上开一系列窗口，检测其亮度电平的变化，并分析各窗口

（探测区域）变化的时序，从而实现运动探测。在数字视频的基础上，进行窗口设置、亮度值的算法和比对、阈值的设定和动态刷新都很方便，许多视频设备（如 DVR）都具有视频探测这个功能。

新型的目标探测可以分析图像，对目标进行分类并能分析目标的运动方式，进而产生探测结果，它具有极高的真实性，是一种理想的入侵报警探测手段。视频探测的实现将把入侵探测和实时监控合为一体，可以极准确地判定事件，可以解决长期困扰安防系统的误报警率高的难题。

（二）远程监控

采用光纤传送视频信号，使无中继传输距离从同轴电缆的数百米增加到数千米，并能得到很高的图像质量，同时，多路传输和双向传输也很容易实现。随着光纤技术的发展，光纤视频传输的无中继传输距离和传输容量有更大的提高，为视频安防监控系统的大型化和远程化提供了技术支持。

数字视频和网络技术为远程监控提供了新的解决方案，也把远程的概念从城域扩展到了城际、国际。利用 IP 网络的多媒体服务就可以构成远程视频安防监控系统。视频安防监控系统将成为一种可以无所不到的、开放的、可以根据各种具体要求自动生成的系统。

（三）数字视频记录

数字视频记录（DVR）是产品化程度最高的一个。它从开始对模拟录像机的替代逐步发展成为监控系统控制器和数字视频系统的节点设备。

（四）图像识别

视频监控系统一直使用目视解释，亦即人的视觉观察，但是面对大量的图像信息时，其效率低、实时性差，严重降低了信息的利用率。图像智能分析技术可以提高图像分析的准确性，成为图像识别技术的一个重要目标和发展方向。

数字视频为图像识别提供了新的技术平台，使图像识别有了新的解决方案，其在机器人视觉、模式识别等方面都取得了重大的进展，更成为安全防范领域目标探测、出入口控制、生物特征识别、安全检查的有效技术手段。基于视频图像识别技术的智能分析已经广泛地应用于出入口控制系统中，如笔迹识别、指纹识别、掌形识别、虹膜识别系统等。

项目二　模拟视频安防监控系统介绍

一、模拟视频安防监控系统的发展历程

模拟视频安防监控系统的发展经历了纯模拟和数控模拟两个阶段。

纯模拟的视频安防监控系统，也称闭路电视监控系统（CCTV，Closed Circuit Television），图像信息采用视频电缆（同轴电缆或双绞线电缆），以模拟方式传输，一般传输距离不能太远，主要应用于小范围内的监控，监控图像一般只能在控制中心查看。

视频安防监控系统早期以模拟视频矩阵和模拟磁带录像机 VCR 为核心，从 20 世纪

90 年代中期开始，随着数字技术的发展，数字硬盘录像机 DVR（Digital Video Recorder）替代了原来的长延时模拟录像机，将原来的磁带存储模式转变成为数字存储录像，实现了模拟视频存储转变为数字视频存储。这一阶段的矩阵控制主机已经具有很强的联网功能，可以集中控制和管理整个视频安防监控系统，用户可以通过网络登录矩阵主机进行各种配置和管理操作，如图 3－1 所示。这个阶段也就是数控模拟视频安防监控系统阶段。

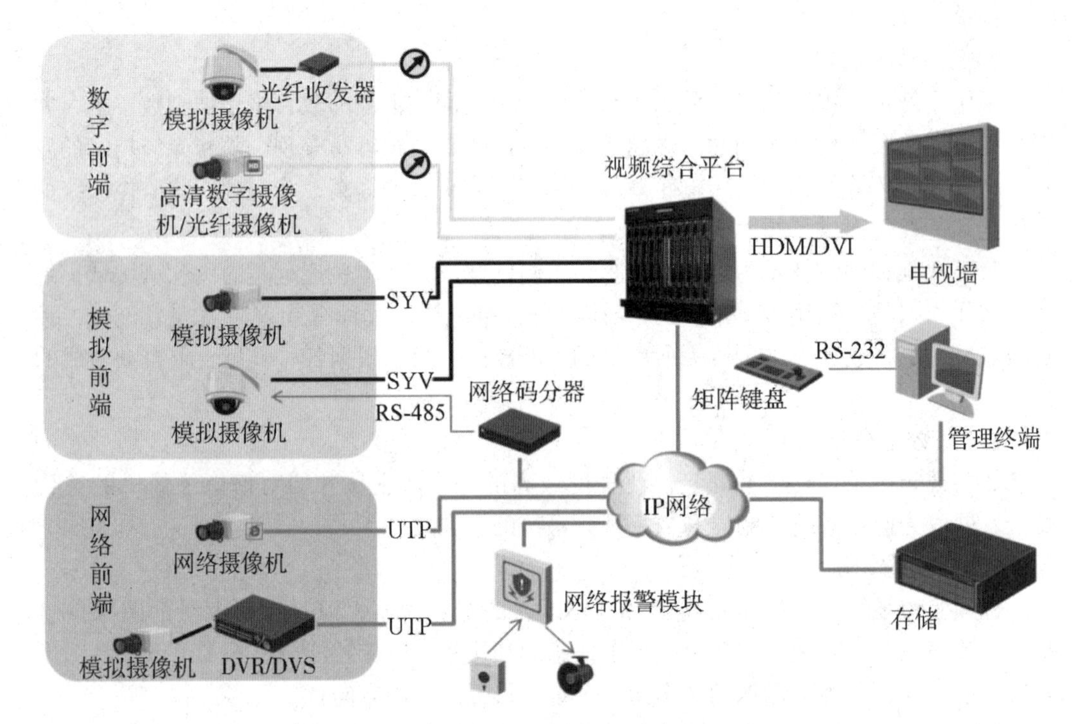

图 3－1　数控模拟视频安防监控系统结构

数控模拟视频安防监控系统与以前的纯模拟视频安防监控系统相比，在功能、性能、可靠性、结构方式等方面都发生了很大的变化，系统构成更加方便灵活，人机交互界面更为友好。缺点是视频信息流仍为模拟视频信号，仅仅适合对小范围的场所的区域监控。由于各部分独立运作，相互之间的控制协议很难互通，联动只能在有限的范围内进行，而且系统的扩展能力差，不利于系统扩容。

相对纯模拟视频安防监控系统而言，该系统有一定的技术进步，也为后期的视频安防监控系统的数字化奠定了一定的基础。数控模拟安防系统是以硬盘录像机为核心进行控制、管理和存储的系统，由于硬盘录像机采用了专用硬件结构和嵌入式实时操作系统，具有实时高效、软件固化及应用专用等特点。

二、模拟视频安防监控系统的组成

模拟视频安防监控系统由前端设备、传输设备和终端设备三大部分组成，这里主要介绍前端设备和终端设备。

（一）前端设备

1. 摄像机。

（1）图像传感器。图像传感器又称光电转换器件，是摄像机的核心部件，监视现场的景物经摄像镜头聚光到摄像机的图像传感器靶面上，图像传感器进行光电转换并生成与图像内容对应的实时电信号，该电信号再经摄像机内部电路处理后，即可输出能被监视器接收、显示且能被录像机记录的视频信号。

视频监控用图像传感器根据元件不同主要有 CCD 和 CMOS 两种。CCD 是应用在摄影摄像方面的高端技术元件，CMOS 则应用于较低图像品质的产品中，它的优点是制造成本较 CCD 更低，功耗也低得多。

图像传感器（外观如图 3－2 所示）通常要完成电视系统的两个基本转换：

一是光电转换：把焦平面的光学图像转换为电图像，完成这个转换的是由特殊光电材料构成的感光面（焦平面），通常称为靶面。

二是电视扫描：由光电转换成的电图像不可以远距离传播，需进一步转换成为时间域上的连续的电信号才能成为一种可以变换、处理、传送的电信号。

彩色 CCD 由微透镜、滤色器和光电靶面三层结构组成，用来把镜头聚集来的景物光信号图像转换为电信号，完成摄像机的图像拍摄任务。它和摄像机其他电路配合工作，最终形成符合规定的视频信号。

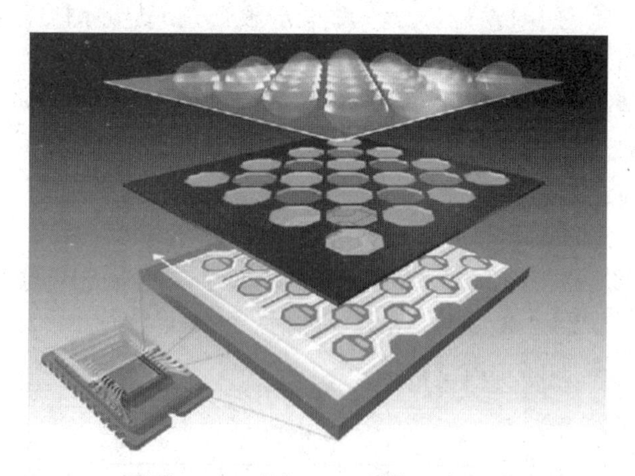

图 3－2　彩色 CCD 结构示意图

微透镜使得汇聚过后的光线强度更高，更有利于感光。分色滤光器将三种基色信号分离，滤光器相当于在 CCD 晶片表面覆盖数十万个像素般大小的三基色滤色片，每个滤色片对应于 CCD 传感器的一个像素，透过镜头的景物信号经过滤色器后在 CCD 芯片上成像形成含有彩色信号的图像信号。光电靶面是由感光单元构成的阵列，当镜头把景物成像在焦平面上时会发生光电转换，焦平面的另一面就会生成一个与其相对应的电图像。

（2）摄像机的镜头。镜头相当于人眼的眼球，镜头的作用是将光线聚焦在成像介质上从而进行成像。如果没有安装镜头，射入感光元件上的光线即无法聚焦，虽然可以形成一个图像，但是那个成像并不能正常显示出来，会模糊一片，没有清晰的图像输出。

镜头在视频安防监控系统中的作用是非常重要的，操作人员可以通过操作镜头实现监控目的，如拉近镜头，从而观察近处的监控目标；推远镜头，从而观察远处的监控范围，调整光圈以避免图像太暗或者太亮。

①镜头的基本参数。摄像机的镜头其实不是一片单独的透镜，而是将一组不同形状、不同型号的光学零件按一定方式组合起来。其制造材料可以是塑料、玻璃或晶体，可以通过改变透镜组之间的间隔来改变整个镜头的焦距。

· 镜头尺寸。镜头一般可分为 1in、2/3in、1/2in、1/3in 和 1/4in 等几种规格，它们分别对应着不同的成像尺寸。选用镜头时，应使镜头的成像尺寸与摄像机的靶面尺寸相吻合。

· 焦距。镜头的焦距是实际上构成镜头的组合光组的焦距，它决定了摄取图像的大小。用不同焦距的镜头对同一位置的某物体摄像时，配长焦距镜头的摄像机所摄取的景物尺寸就大；反之，配短焦距镜头的摄像机所摄取的景物尺寸就小。

理论上，任何一种镜头均可拍摄很远处的物体，并在摄像机的成像靶面上成一很小的像，但受成像单元（像素）物理尺寸的限制，当成像小到小于图像传感器的一个像素大小时，便不再能形成被摄物体的像。即便成像有几个像素大小，该像也难以辨识为何物。

· 光圈和光圈系数。摄像机需要一定大小的光才能正常工作，光太足容易过度曝光而使图像发白甚至灼伤图像传感器，光太弱会导致曝光不足使图像发暗。为了控制通过镜头的光通量大小，在镜头的后部均设置了光圈。

镜头的光圈相当于眼球的瞳孔，起到控制光通量的作用，如图 3－3 所示，光圈是由多个相互重叠的弧形光圈叶片组成的，光圈叶片数可多达 18 片，并且叶片数目越多孔径越接近圆形。通过调整叶片的离合程度能够改变中心圆形孔径的大小，从而控制进入镜头里面的光通量。

光圈一般用光圈系数表示。光圈系数 F 一般标注在镜头光圈调整圈上，如图 3－3 所示，其标值为 1.4、2、2.8…11、16 等序列值。光圈系数越小，相对孔径越大，进光量越大，到达摄像机靶面的光通量就越大。

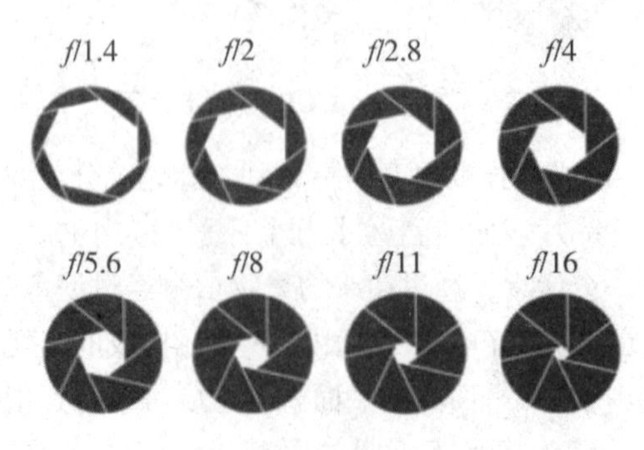

图 3－3 镜头的光圈

· 视场角。镜头有一个确定的视野，镜头对这个视野的高度和宽度的张角称为视场角。视场角是根据实际情况来确定的，其目的一是避免在镜头监视时出现死角，二是确定合理的镜头配置，以控制成本。视场角与镜头的焦距 f 及摄像机靶面尺寸的关系，如图 3－4 所示。可见摄像机镜头的焦距 f 越短，靶面尺寸 h 或 v 越大，摄像机视场角也越大。如果所选择的镜头的视场角太小，可能会因出现监视死角而漏监；而若所选择的镜头的视场角太大，又可能造成被监视的主体画面尺寸太小难以辨认，且画面边缘出现畸变。

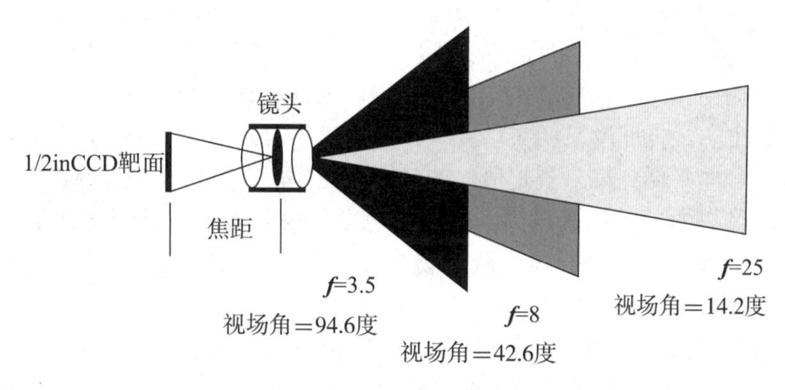

图 3－4　镜头视场角示意图

②镜头的种类。镜头的种类较多，按不同的分类标准有多种分法。镜头的主要技术特征是光圈、焦距和聚焦。这些特征的调节方式和调节范围及它们之间不同的组合构成了丰富多彩的镜头类型，适应不同的场合。

· 定焦镜头。固定光圈定焦镜头是较为简单的一种镜头，它有一个可手动调整的对焦调整环，左右旋转对焦环可进行焦距调整从而使 CCD 靶面清晰成像。由于该类镜头的光圈不可调整，因而光通量不能通过镜头进行控制，所以这种镜头一般应用于室内有固定灯光等光照度比较均匀的场合。

· 变焦镜头。如果摄像现场有时需要一个长焦距镜头以分辨远距离的小目标，有时需要短焦距观察近距离大范围内的目标，即要求镜头的焦距及视场在一定范围内可以改变，以使得 CCD 靶面上像面位置保持不变，此时应该采用变焦镜头。

手动变焦镜头有一个焦距调整环，可以在一定范围内调整镜头的焦距，其变比一般为 2～3 倍。通过手动调节镜头的变焦环，可以方便地选择监视现场的视场角。

电动变焦镜头包含了三个微型电动机，分别控制焦距、对焦和光圈，这样，焦距、对焦和光圈三个参数都可以由操作人员在监控中心进行远程操纵。控制矩阵的摇杆或者按键，可以控制变焦距镜头的工作参数，也可以通过操纵硬盘录像机的鼠标实现。

· 自动光圈镜头。自动光圈镜头在光圈调整环上增加了一个微型电动机，从而方便操作者在监控中心通过矩阵主机或者硬盘录像机发出命令，镜头内的微型电动机相应做正向或反向转动，从而调整光圈的大小。

· 一体机专用镜头。一体机专用镜头通常都是自动光圈的变焦镜头，其中有很多还具有自动聚焦功能。一体机镜头通常都是由一体化摄像机生产厂家直接从镜头生产厂家定制或选购，使之与自己生产或组装的 CCD 或 CMOS 图像传感器及相应的摄像机电路相匹配，再配以合适的外壳而构成完整的一体化摄像机。

（3）摄像机的性能指标。摄像机的主要参数有 CCD 尺寸、图像清晰度、最低照度等。

· CCD 尺寸。CCD 尺寸指 CCD 图像传感器感光面的对角线尺寸，近年来视频安防监控摄像机的 CCD 尺寸以 1/3in、1/4in 为主流。

· 像素数。这里指摄像机 CCD 传感器的最大像素数，可以用两种形式描述：一为水平与垂直方向的像素数，如 500H×582V，二为乘积值，给出了水平线与垂直线的乘积值，如 30 万像素。对于一定尺寸的 CCD 芯片，像素数越多则意味着每一像素单元的面积越小，因而由该芯片构成的摄像机的分辨率也就越高。

· 最低照度。最低照度又叫灵敏度，指当被摄物的光亮度低到一定程度而使摄像机输出的视频信号电平低到某一规定值时的景物光亮度值。摄像机要求的最低照度 Lux 的数值越小，摄像机的灵敏度就越高。一般彩色摄像机要求的最低照度比黑白摄像机要高。0. 1Lux 的摄像机适用于普通的监视场合，在夜间使用或环境光线较弱时，推荐使用 0. 02Lux 的摄像机。

· 电子快门。如果景物的亮度过高，CCD 感光面积累电荷就会过多，会造成图像过饱和（过白）。CCD 的电子快门电路可解决这个问题，它的工作原理是通过泄漏掉部分积累的电荷从而避免出现过饱和现象。电子快门速度通常从 1/50s 到 1/10000s，快门速度越高则快门脉冲数目越多。高速电子快门功能可以防止拍摄运动物体时造成的“运动模糊”现象。

大多数 CCD 摄像机的自动电子快门功能可以实现自动光圈的效果。当通过镜头的光通量较强时，输出信号的电流也会较大，此时电子快门自动调节到高速挡，使信号电荷的积累时间变短，进而使输出信号电流的幅度减小，反之亦然。

帧累积技术的电子快门采用多场积累的方式，即使在低照度环境下也能拍摄到较为清晰的画面，其根本原理是多场曝光对应一场曝光。普通 CCD 在每个场扫描期间进行一场曝光、一次转移。采用了帧积累技术以后，CCD 感光单元可以连续进行多场曝光后进行一次电荷转移，这样就积累了多场的感光电荷，提高了输出信号的幅度。多场积累电子快门方式一般仅适合于非运动场景或缓慢运动物体，否则图像将变得模糊。

· 逆光补偿。逆光补偿也称作逆光补正或背光补偿，是指在视场中包含一个很亮背景区域，为了凸显被观察的主体，不致出现无层次感而仅对整个视场的一个特定子区域进行 AGC 自动增益控制，即对于平均电平较低的子区域，AGC 放大器会有较高的增益，使输出视频信号的幅值提高，从而使监视器上的主体画面明朗。此时，背景画面也会更加明亮，但其与主体画面的主观亮度差会大大降低，使整个视场的可视性得到改善。

（4）摄像机的分类。摄像机是获取视频安防监控现场图像的前端设备，按不同的分类标准其有不同的分法。按颜色分为黑白摄像机、彩色摄像机；按结构分为枪机、球机、半球机、蝶形摄像机和针孔摄像机；按功能分为宽动态摄像机、夜视摄像机、智能球机等。下面介绍几种新型的摄像机。

①宽动态摄像机。当强光源照射下的高亮度区域及阴影、逆光等亮度相对较低的区域在图像中同时存在时，图像出现明亮区域因曝光过度成为白色，而黑暗区域因曝光不

足成为黑色，会严重影响图像质量。宽动态摄像机能在暗处获得明亮图像的同时使明亮处不受饱和度的影响。如图 3－5 所示的图像对比，可见宽动态摄像机既能获得暗处的图像细节，同时又使明亮处不过于饱和。

图 3－5　普通摄像机背光补偿开、合以及宽动态摄像机效果对比图

②微光夜视摄像机。白天能看到景物的原因是人的眼睛接收到景物表面反射的太阳光，夜晚虽然没有太阳，但多数夜间仍有月光、星光、大气辉光存在，景物表面仍然要反射这些微弱的光线，于是人眼还能模糊地看到近处景物或者大景物的轮廓，夜晚看不清晰的根本原因是人眼接收到的光强不足。

微光夜视技术靠夜里自然光照明景物，以被动方式工作，微光夜视摄像机 CCD 的曝光时间比普通摄像机长 2～128 倍，可以收集到更多的光子，灵敏度就提高了 2～128 倍。由于微光夜视摄像机在微光情况下，无须任何辅助光源就可以显示清晰的彩色图像，而且因其自身隐蔽性好，所以在军事、安全、交通等领域得到广泛的应用。

③红外夜视摄像机。在夜视监控系统中，利用可见光照明存在不能隐蔽、容易暴露监控目标等缺点，因此使用较少，科学的夜视监控是采用红外摄像技术。工作中经常将摄像机、镜头、防护罩、红外灯、电散热单元等综合成为一体组成红外一体化摄像机，在监控摄像机中具有隐蔽性强、性能稳定等突出优势。

红外摄像技术分为被动红外摄像技术和主动红外摄像技术。

被动红外摄像机就是俗称的“红外热成像仪”，工作原理是任何物体都有红外线辐射，物体的温度越高，辐射出的红外线越多。由于人的身体和发热物体发出的红外光较强，其他非发热物体发出的红外光很微弱，因此，可以制成感知人体辐射的红外线的摄像机。被动红外摄像机有穿透烟尘能力强、可识别伪目标、可昼夜工作等特点。

主动红外摄像技术是利用 LED 红外灯发出人眼看不见而摄像机能捕捉到的红外光，“辐射”照明景物和环境，利用普通低照度摄像机对周围环境反射回来的红外光进行感光成像，从而拍摄到黑暗环境下肉眼看不到的图像，实现夜视功能。

④日夜两用摄像机。彩色摄像机仅仅在可见光区正常工作，黑白摄像机有很宽的感光范围，照度可达 0.0001 Lux，利用红外灯作为辅助照明即使在夜间黑白摄像机也可清晰成像。

彩转黑日夜两用型摄像机把彩色摄像机和黑白摄像机结合在一起，根据光线的亮度，一个 CCD 传感器进行日夜切换工作，即光线充足时可获得良好的彩色图片，光线不充足时在红外灯辅助光源协助下成黑白图像。

双 CCD 红外一体机把两个 CCD 做进一个摄像机壳里面，一个彩色 CCD，一个黑白 CCD。白天彩色 CCD 工作，晚上光敏电阻感应到光照度低就会自动切换电路，将红外灯开启，彩色 CCD 组关闭，黑白 CCD 组开启。黑白 CCD 的夜视效果比彩转黑的一片式 CCD 效果要好很多，实物如图 3－6 所示。

图 3－6　红外双 CCD 摄像机

⑤激光夜视摄像机。受限于普通的 LED 红外灯在照射距离、功耗、效率等方面的局限性，普通红外摄像机最远只能达到 200m 的监视距离，但是激光夜视摄像机夜视距离最远可达 3000m。激光夜视摄像机一般采用激光照明系统、大变倍长焦距变焦镜头或变焦双探测器镜头、低照度摄像机或微光夜视摄像机等集合而成，可以实现昼夜连续监控，可以使摄像机观察到监控区域内任何一点的情况，特别适合油田、边防线、森林防火等需要远距离夜视监控的场所。

⑥强光抑制道路监控专用摄像机（电子警察）。在道路监控中，在日出、日落、中午强光时，普通摄像机会出现晕光、白光现象，不能很清楚地看清车牌。夜晚由于车头的强光和车牌荧光粉的反光照射，普通夜视摄像机呈像会出现画面一片白、看不清目标、无法抓拍车牌的情况。使用具有强光抑制功能的专用摄像机进行拍摄，系统会将车头灯的光线抑制收缩住，让光线往后方呈现，再加上补光后自然就能拍摄到完整而清晰的车牌图像，从而保证车牌识别系统正常工作。

2. 前端辅助设备。为了配合摄像机的工作，摄像机需要一些辅助设备，如支架和立杆为摄像机提供安装支撑，防护罩提供保护，云台在解码器的控制下可以承载着摄像机进行上下左右转动以改变监视方向。下面对这些辅助设备进行简单介绍。

（1）支架和立杆。视频安防监控系统中，支架的作用是承载云台或摄像机等，并固定到墙壁、天花板和立杆等装置上。根据支架的安装方式不同又可分为悬挂式、吸顶式、壁装式等，根据形状可以分为枪机支架和球机支架。

在没有建筑物的场所，如道路监控，经常使用监控立杆安装摄像机。监控立杆应采用简洁、流畅的线条，美观大方，与城市其他建筑搭配和谐。杆臂造型应根据实际情况设计，使流线平直，杆体圆滑平顺。监控立杆要安装防雷装置以确保防雷效果。

（2）防护罩。防护罩是监控系统中重要的组件，它能保证摄像机在有灰尘、雨水、高低温等情况下正常使用。防护罩的常见外形有长方形、球形和筒形，如图 3－7 所示。长方形和筒形防护罩用于枪机一体化摄像机，常用于狭长场景如走廊的监控。出于装饰美观或是安装隐蔽的需要，半球形、球形的防护罩经常用于室内安装。

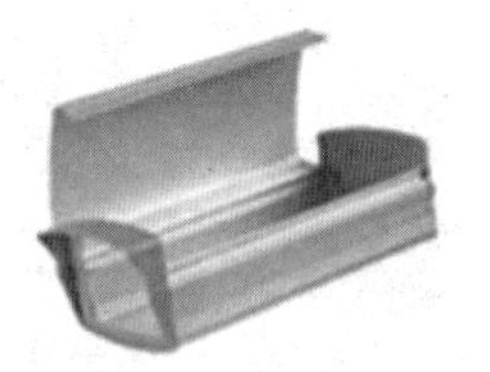
室内侧开铝合金防护罩

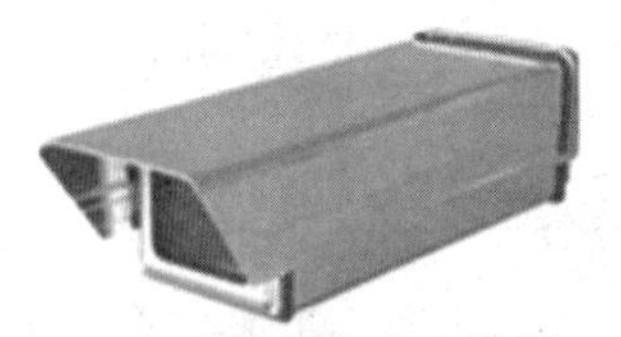
室外大型防水防护罩

室外大型防护罩（自动温控）

室内外两用防护罩

半球防护罩

球形防护罩

图 3-7　常见防护罩外形

室内用防护罩结构简单，价格便宜。其主要功能是防止摄像机落灰并有一定的安全防护作用，如防盗、防破坏等。室外全天候防护罩用于室外露天的场所，要能经受风沙、霜雪、炎夏、严冬等恶劣的天气情况，根据使用地域的气候条件，可选择配置加热器、抽风机、除霜器、去雾器、雨刷、遮阳罩、隔热体。在温度高时应可以自动打开风扇冷却，温度低时自动加热，当防护罩上有结霜时可以加热除霜。

特殊环境防护罩主要在某些有腐蚀性气体、易燃易爆气体、大量粉尘等环境下采用，其密封性能好。在炼钢炼铁熔炉、燃烧锅炉前安装的摄像机，必须置于能耐高温的防护罩内，视窗使用特种玻璃，可经受高温。还有用于海底探察的摄像机，它的防护罩在密封防水及耐深水高压方面有特别的要求。

（3）雷电浪涌防护措施。由于许多摄像机安装于室外，电源线、视频线等各种线缆要连接到监控中心的主机上，所以视频安防监控系统设备特别容易遭受直击雷或者感应雷的袭击，必须部署完备的防雷解决方案。

安装在室内的设备一般不会遭受直击雷击，但需考虑防止雷电过电压对设备的侵害，而室外独立架设的摄像机应考虑安置直击雷防护设备，如安装接闪器（避雷针或其他接闪导体）。前端设备应置于接闪器有效保护范围之内。

监控中心所在建筑物应有防直击雷的避雷针、避雷带或避雷网。在视频传输线、信号控制线、入侵报警信号线进入前端设备之前或进入中心控制台前应加装相应的电涌保护器。进入监控中心的各种金属管线应接到防感应雷的接地装置上。监控中心应设置一条等电位连接母线，各种电涌保护器（避雷器）的接地线应以最直和最短的距离与等电位连接母线进行电气连接。

（4）云台。云台是承载摄像机进行水平和垂直两个方向转动，通过与摄像机一定面积的接触保证其稳定的装置。云台能扩大摄像机的视场范围。常见云台的外形如图 3-8所示。

壁装云台

球机云台

重型云台

重型云台

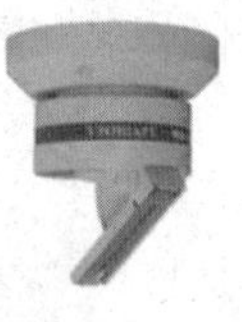
吊装云台

图 3－8　常见云台的外形

智能化球形云台不同于其他常规云台，它是将摄像机、电动变焦镜头、解码器、万能字符发生器、CPU 处理芯片、存储芯片等集成于一体，置于密封的球形防护罩内，因此，这种一体化的球形云台也称作球形摄像机。

云台内装有继电器等控制电路，有六个控制输入端，分别是电源的公共端、上转端、下转端、左转端、右转端和自动转动端。如果将电源的一端接在公共端上，电源的另一端接在上转端时，则云台带动摄像机头向上转，其余类推。电源另一端接在自动端时，云台将带动摄像机头按一定的速度自动转动。

（5）解码器。由于镜头、云台等被控设备不具备通信功能，所以每台需要遥控的摄像机必须配备一台解码器。每台解码器拥有一个地址，可以控制一台摄像机对应的云台、镜头或者其他辅助设备。有了解码器，在监控中心就可以对云台进行上、下、左、右旋转的控制以及对变焦镜头进行变焦、聚焦、光圈的控制。

可见，解码器是视频安防监控系统中的前端设备与终端控制设备进行通信的“中介”设备。解码器一方面与系统主机进行通信，接受控制台发送的控制信号，另一方面与云台、摄像机、防护罩相连，把矩阵主机的控制命令转换为对被控设备的电动信号，使得云台、变焦镜头等可控设备实现规定的动作。功能更强一些的控制器包括对室外防护罩的喷水清洗、雨刷以及射灯、红外灯等辅助照明设备的控制功能，甚至还可以接收各类传感器发来的报警信号并控制警号、射灯及自动录像的启动。

（二）终端设备

1. 监控中心。在整个视频安防监控系统中，大量的摄像机分布在防区的每个地方，但是每个摄像机的信号最终要传输到监控中心的终端设备才能进行显示、切换、控制和存储，所以说监控中心是整个视频安防监控系统的指挥中心，具有非常重要的作用。

视频监控系统的监控室又叫安防中控室、监控室，是指放有终端显示和控制设备供值机员监视现场情况的房间或中心机房。如图 3－9 所示，监控中心是整个视频安防监控系统的核心所在，是整个系统功能的指挥中心。

监控中心的主要功能有：

· 视频信号放大与分配、图像信号的校正与补偿和视频切换；

· 图像信号的显示和显示切换；

· 对摄像机、镜头、云台、防护罩等进行遥控，以完成对被监视场所全面、详细地监视或跟踪监视。

· 图像信号（或包括声音信号）的存储和录像查询。

监控中心一般设置以下设备：

图 3－9　监控中心

（1）控制台。经常采用琴式 5 联台等整体框架结构组成控制台，台下空间用来安装和集成终端设备，台上可以布置监控键盘、计算机键盘和鼠标、工作台显示器、对讲机、电话机等操作设备供操作人员进行监控操作。

（2）大屏幕拼接墙。在监控中心，为了对视频安防监控系统所有的大量摄像机进行图像监控，单个显示设备往往不能满足要求，需要大尺寸、高分辨率的图像信息显示装置，即电视墙，它由多个显示单元堆叠拼装起来构成。

（3）终端设备。

①控制主机，包括模拟的视频切换器、矩阵控制主机、监控键盘、数字系统的解码器、数字矩阵等。

②存储设备，包括硬盘录像机、磁盘阵列等。

③联网设备，包括交换机、路由器、服务器等。

视频安防监控系统的规模由监控范围和摄像机数目决定，矩阵主机、硬盘录像机等各种终端设备的选型要根据系统规模决定。对于分布式系统，可以根据系统控制的要求设置一个总监控中心和若干个副监控中心。副监控中心一般不设置磁盘阵列等终端设备和大屏幕拼接墙。

2. 矩阵控制主机。

（1）矩阵控制主机的地位。视频切换和控制是整个视频安防监控系统的核心功能，模拟安防监控系统采用矩阵主机系统进行视频切换和控制。

视频矩阵切换，是指可以选择任意一台摄像机的图像在任一指定的监视器上输出显示，如果需要对某台摄像机的云台与镜头进行控制，则先由主机把控制信号发送到摄像机相对应的解码器上，解码器对传来的信号进行译码以后，控制云台与镜头执行相应的动作。

矩阵是大型视频安防监控系统里最广泛使用的视频切换和控制设备，它完全成为大型模拟视频监控系统的核心，起到控制主机的作用。如图 3－10 所示，所有的图像输入设备（摄像机）、输出设备（显示器）、控制键盘、云台、镜头等被控设备都连接到矩阵主机上，整个系统以矩阵主机为核心，连接有多台控制键盘作为控制命令的输入设备，镜头、云台作为被控设备，通过控制镜头的光圈、聚焦和变焦改变摄像机的图像明暗和监控范围，通过控制云台的上下左右转动改变摄像机的监控方向和监控角度。有时候，被控设备还包括雨刷、加热器、照明光源等其他为摄像机服务的设备。操作人员通过监控键盘操纵矩阵主机，可以将系统中的任何一种摄像机的图像任意切换至任何一台监视器上进行监看。

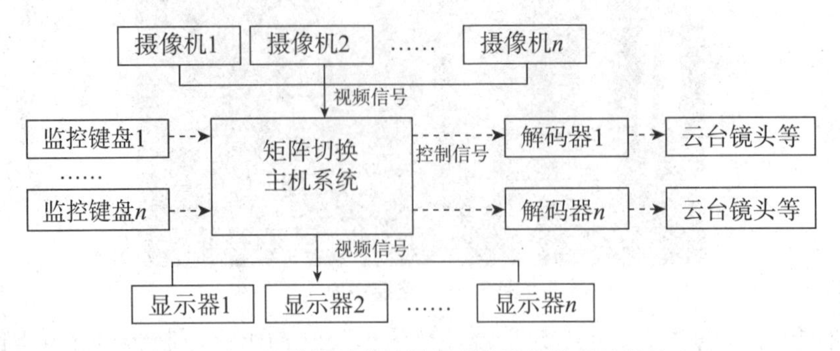

图 3－10　矩阵控制主机是视频安防监控系统的核心

（2）矩阵控制主机的功能。矩阵控制主机是模拟视频安防监控系统的核心，后背板拥有众多的视频 BNC 接插座、控制连线插座及操作键盘插座等。模块数量的多少依据应用需求而决定，有的大型系统可以达到 1024 路输入和 256 路输出或更大。这种模块化结构的设计思想，便于系统配置和扩充。

矩阵主机的主要任务是实现对多路视/音频信号的切换（输出到指定的监视器或录像机），并通过通信线对指定的地址的前端设备（如云台、电动镜头、雨刷、照明灯或摄像机电源等）进行各种控制。根据矩阵切换信号源的类型分为 BNC 矩阵（见图 3－11）、VGA 矩阵（见图 3－12）、DVI 矩阵、高清矩阵以及混合矩阵几类，这些矩阵的接口信号不同。

图 3－11　BNC 矩阵

图 3－12　VGA 矩阵

视频矩阵主机的主要作用有：

①切换功能。接收多台摄像机的图像输入，并根据操作键盘的控制将它们有序地切

换到相应的监视器上，使单台监视器能够很方便地轮显多个摄像机图像，单个摄像机图像可同时送到多台监视器上显示。

②控制功能。接收监控键盘的指令，控制云台的上下左右转动，镜头的变倍、调焦、光圈，室外防护罩、雨刷等前端设备的动作。一个矩阵主机可连接多个监控键盘，供多个键盘同时使用视频监控系统。键盘设有密码检查功能，以防止未授权者非法使用，多个键盘之间有优先级顺序。

③编程功能。对系统运行步骤可进行编程，以控制视频信号的自动切换顺序和间隔时间。有以下几种切换方式：

·程序切换：这是指显示在同一个监视器上的摄像机输入的自动序列。每个摄像机显示一段时间（“驻留时间”），一个序列中可多次插入同一摄像机。

·同步切换：一组摄像机画面同步地切换到一组设定的监视器上。

·群组切换：将多组同步切换队列摄像机画面顺序地切换到一组监视器上显示，也就是系统自动循环运行多个同步切换队列。

·定时切换：指矩阵主机在设定的时间里自动运行系统程序切换序列，允许多个监视器同时并行运行某个切换队列。

如果利用菜单编程设置了一个程序切换队列，在键盘输入程序切换队列号，按RUN键可以运行设置程序切换队列，状态区显示“运行”。NEXT/LAST键改变自由切换运行方向，HOLD键切换到其他摄像机，停止自由切换运行。

④报警联动。视频矩阵主机有一定数量的报警输入和继电器接点输出端，可接收报警信号输入和接控制输出。

3. 监控键盘。监控键盘是矩阵切换主机的输入设备，是安全防护工作人员对视频监控系统进行操作的必备工具，是管理人员与系统设备人机对话的桥梁，为用户了解系统状态、控制系统设备提供了友好的界面，实物如图3－13所示。

监控键盘根据操作员的输入指令对各单机设备发送指令数据，控制各单机设备的各种功能动作并及时地检测各单机设备向系统回传的信息，用声光等方式呈现给操作员，自动根据系统预先编制的要求，向有关单机发出联动信号。

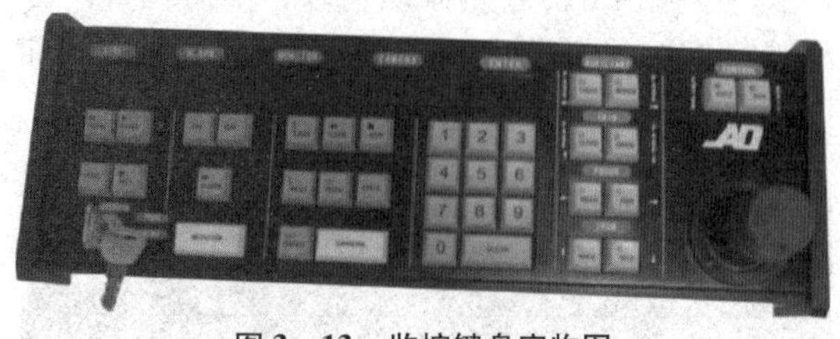

图3－13　监控键盘实物图

监控键盘的按键根据其功能可以分为实时监控键、系统设置键、其他功能键等类型。以图3－13键盘为例，介绍如下：

（1）显示屏和钥匙。

液晶显示屏：指示系统控制器的运行状态。

钥匙：设有操作、编程、设置三个挡位或者操作、编程两个挡位，将矩阵键盘的钥匙口插上钥匙扭到对应位置，分别进行监控操作、编程和调至系统设置状态模式。

（2）实时监控键。

· 0 ~ 9 数字键：用于输入摄像机编号、显示器编号、程序编号等。

· CAMERA（摄像）：选择摄像机或解码器的地址号。

· MONITOR（监控）：在选择矩阵切换器的输出信道时使用。

· 三维控制杆：操作摄像机或解码器的活动，云台做上、下、左、右移动，同时转动手柄可控制变倍。

· LIGHT、WIPER：用于打开和关闭灯光、雨刷等辅助被控设备。

（3）镜头控制键。控制与高速球或云台相连的摄像机镜头的 IRIS（光圈）、FOCUS（聚焦）、ZOOM（变焦）。其中 CLOSE、OPEN 键为光圈关闭和打开，NEAR、FAR 键为聚焦调近、调远，TELE、WIDE 键为变到远摄镜头和广角镜头。

（4）MENU（菜单）和编辑键。把钥匙旋转到设置挡，然后按一下 MENU 键，调出矩阵主菜单，用于各种功能的设置。注意：如果通过按下 MENU 键退出菜单，设置不被保存，若保存设置需通过按 ENTER 键退出。

· ON/OFF：进入和退出子菜单。

· ENTER（输入）：确定选项或设定值时使用。

· CLEAR（清零键）：按一下 CLEAR 键，数字输入区清零显示。

· ON/OFF：进入和退出菜单。

（5）其他功能键。

RUN（运行）：运行一个摄像机编程序列。

LAST（前一个）：回到前一个摄像机控制地址。

NEXT（下一个）：前进到下一个摄像机控制地址。

预置位（SHOT）：配合 ON、ACK、OFF 键完成预置位定义、调用和删除操作。

4. 存储设备。数字硬盘录像机（Digital Video Recorder），简称硬盘录像机（DVR），通过对模拟的音/视频信号进行数字化和压缩存储，将图像以数字化形式存储在硬盘上，可重复录像，图像搜寻方便，画质清晰，不需耗材；在图像处理、图像储存、检索、备份以及网络传递、远程控制等方面远远优于模拟的磁带录像机，实物如图 3 - 14 所示。

图 3 - 14　DVR 硬盘录像机前面板

硬盘录像机进行图像存储处理的计算机系统，具有录像、录音、远程监视和控制功能，集录像机、画面分割器、云台镜头控制、报警控制、网络传输等多种功能于一身。其主要用途是将前端设备（如摄像机）传送过来的图像模拟信号转变成数字信号，经压缩后存储在硬盘。嵌入式硬盘录像机用硬件压缩，采用了嵌入式操作系统，代码固化在 flash 中，系统更加稳定可靠，不受诸如病毒等外界因素的干扰，可以在恶劣的环境下以及无人值守的情况下长时间稳定工作，在实际工作中得到了广泛的应用。

（1）DVR 的主要功能。

①音频、视频压缩和录像。对于多路视频、音频输入信号，采用 H.264、MPEG－4 等压缩技术进行实时压缩，并通过管理主机实时存储压缩码流，每路视频、音频录像参数均可单独设置。

②录像查询和回放。支持手动录像、定时录像、移动侦测录像、报警录像，且按内容检索并放像，支持画中画放像效果；支持实时监看与放像同时显示，不会对录像内容产生影响；支持快放、慢放、倒放、暂停、帧进等回放模式，按时间回放时定位准确；支持录像回放与实时监看同时进行。

③实时监控。可以进行摄像机切换，云台、镜头控制等实时监控功能，支持画面轮巡等功能。

④录像下载和备份。对于合法用户，可以使用移动硬盘或 U 盘进行本地备份，或者通过客户端管理软件远程登录录像机实现远程备份。

⑤报警检测和联动。除了探头触发报警外，还可以实现视频丢失、移动侦测、视频遮挡等视频异常检测报警，警情发生时可以通过自带喇叭进行声音报警，同时联动实现报警通道图像自动最大化，也可以上传报警信号到设定的手机、固定电话、邮箱上，从而实现网络报警联动。

（2）DVR 的性能评价指标。数字录像机（硬盘录像机）的优劣，可以从录像速率、储存容量、画面清晰度、操作使用方式等重要性能来做判断，但是速率快、容量大、清晰度高这三项指标是互相制约的。

①录像速度。对录像速度而言，其实所有的硬盘录像机在实时状态下都是 30 帧/秒或 60 场/秒（NTSC 格式）。如果同时记录 16 路图像，每路的速率只有单路录像的1/16。多路录像时经常用有图像位移检测功能的硬盘录像机，仅仅存储有图像位移的画面，可以大幅度提高录像速度，对活动图像的记录速度实际上几乎达到了实时。

②储存容量及备份。存储容量越大越好，可用接口连接外部数字储存设备进行图像数据的备份。只有经常进行备份，才能保证有价值的图像能够被安全地保存下来，并方便进行传输。

③图像质量。图像质量是评价数字硬盘录像机质量的核心问题。模拟的视频图像信号输入硬盘录像机变成数字信号后，经压缩、存储，再经解压缩，其转换的优劣及转换的速度，可以从图像的清晰度、灰度、色彩还原、实时性能等多个方面加以评价，其中清晰度是评价图像质量的最重要的指标，清晰度经常用图像的分辨率表示。

图像的分辨率是指一幅图像能分解成多少个像素，国际标准是按其水平和垂直的像素点的乘积来表征的。最常见的图像格式有 QCIF、CIF、4CIF、16CIF、D1 等，其中最常用的图像格式是 CIF 和 D1，几种图像格式的参数说明如表 3－1 所示。

表 3-1 几种图像格式的参数

图像格式	亮度取样的像素个数	亮度取样的行数
sub-QCIF	128	96
QCIF	176	144
CIF	352	288
4CIF	704	576
16CIF	1408	1152
D1	720	576

对于同样的图像分辨率，由于应用的压缩方式和/或压缩数据速率的大小不同，造成图像的大面积对比度和小面积对比度不同，这样人们肉眼所能观察到的图像效果也有所不同，这就是我们所说的图像的画质。清晰度越高，画质越好，但是占用的储存容量就越大。

④操作简便与否。操作使用是否简便最终决定了产品在实际应用中的适应性，为了提供好的人机界面，可采用人性化的键盘，简化日常的操作使用，或者增加计算机网络接口功能等。

5. 显示设备。视频安防监控系统的显示设备包括 CRT 显示器、液晶显示器、等离子显示器等，但是在监控中心，通常设置大屏幕拼接墙进行多画面显示。

大屏幕拼接墙是由多个显示单元以及图像控制器构成的大屏幕显示系统，一般用于一个画面的超大屏幕显示以及多个画面的多窗口显示。其广泛应用于公共安全的监控中心，企业的生产调度中心，公安、军队、交通的应急指挥中心，以及大型会议室和展示厅。

大屏幕电视墙系统由电视墙单元、电视墙处理器、电视墙接口设备三部分组成。

（1）电视墙单元。电视拼接墙可以安装 DLP 背投箱、等离子电视、液晶电视等显示单元，显示效果由显示单元的个数和每个显示单元的显示品质决定，另一个重要指标是单元接缝大小。早期的 CRT 拼接电视墙接缝是 90mm，LCD 液晶的最小是 6mm，等离子的最小是 3mm，只有背投电视墙拼缝可以达到 1mm 以下。

（2）电视墙接口设备。电视墙接口，是指视频矩阵和电视墙处理器连接传输视频信号的接口类型，有 BNC 接口、VGA 接口、高清 HDTV 接口等多种类型。

（3）电视墙处理器。电视墙处理器，是拼接墙系统的核心器件，其作用是将矩阵控制主机传送来的图像信号进行加工处理，经处理后的图像信号被分别送到监视电视墙的显示单元，每个显示单元只显示整个图像的一个部分，全部显示单元加在一起就构成了一幅完整的大画面。每路信号的图像均是以窗口的形式显示在电视墙上，窗口位置、大小、数量可任意改变。

电视墙处理器可以由专用硬件组成，也可以用工控机装载多块视频处理卡再辅以软件方案解决。大屏幕的管理是由软件实现的，可以实现的功能有拼接墙的调整、窗口管理、网络控制、矩阵切换等。还可以预存一些常用的模式，使用时调用某款预存模式即可实现预期效果，从而简化操作、提高效率。

项目三 数字视频安防监控系统介绍

一、数字视频安防监控系统概述

数字信号具有频谱效率高、抗干扰能力强、失真小等特点。随着计算机处理能力和存储容量以及网络带宽的快速提高，以及各种实用视频处理技术的出现，视频安防监控系统步入了数字化时代。DVR 集成了录像机、画面分割器等功能，跨出了数字监控的第一步，后来以局域网、城域网、广域网等网络资源为依托，以数字视频的压缩技术为核心，数字视频安防监控系统进入了全新的网络监控时代。

数字视频安防监控系统是从视频编码、视频传输到控制存储都是数字信号的视频监控系统，是相对于模拟监控系统而言的。视频安防监控的数字化是指在视频安防监控的整个过程中，信号的采集、传输、控制及显示记录的数字化。

（一）信号采集的数字化

网络摄像机直接产生数字信号，如果是旧系统进行数字化改造，模拟摄像机产生的模拟视频信号可经过网络视频服务器转化为数字视频信号。

（二）传输的数字化

前端设备数字化以后，可以用网线、交换机等网络设备构建局域网进行传输，或者接入局域网、城域网等现成的网络基础设施进行传输，节约了布线成本，简化了工程，方便了集成。

（三）控制的数字化

控制的数字化是以计算机代替模拟系统的监控键盘执行所有的控制和管理功能。利用集成管理软件平台，便于构建大型监控体系。

（四）显示记录的数字化

数字视频的显示设备是由显示卡和高分辨显示器构成的。记录设备也采用了纯数字化的数字硬盘。

二、数字视频安防监控系统框架

宽带网络的发展和普及，使得传输线路的选择更加多样性，只要有网络的地方，就提供了图像传输的可能，数字视频安防监控系统逐渐从本地监控向远程监控发展，这类系统是目前视频安防监控系统的主要应用模式。图 3 - 15 为网络远程视频监控系统结构示意图，由监控前端、监控中心和管理中心组成，无线网络部分则是对有线部分的一个补充和扩展。与模拟视频安防监控系统相比，数字视频安防监控系统还是由前端、传输和终端系统组成，但是其框架和组成设备有许多不同。

（一）前端系统

数字系统采用网络监控产品进行图像采集，如网络摄像机、视频编码器。不管前端摄像机位于何方，只要利用当地的专网或公网通过网络接入设备连接到网络上，就可以利用无处不在的 IP 宽带传输网络进行传输。

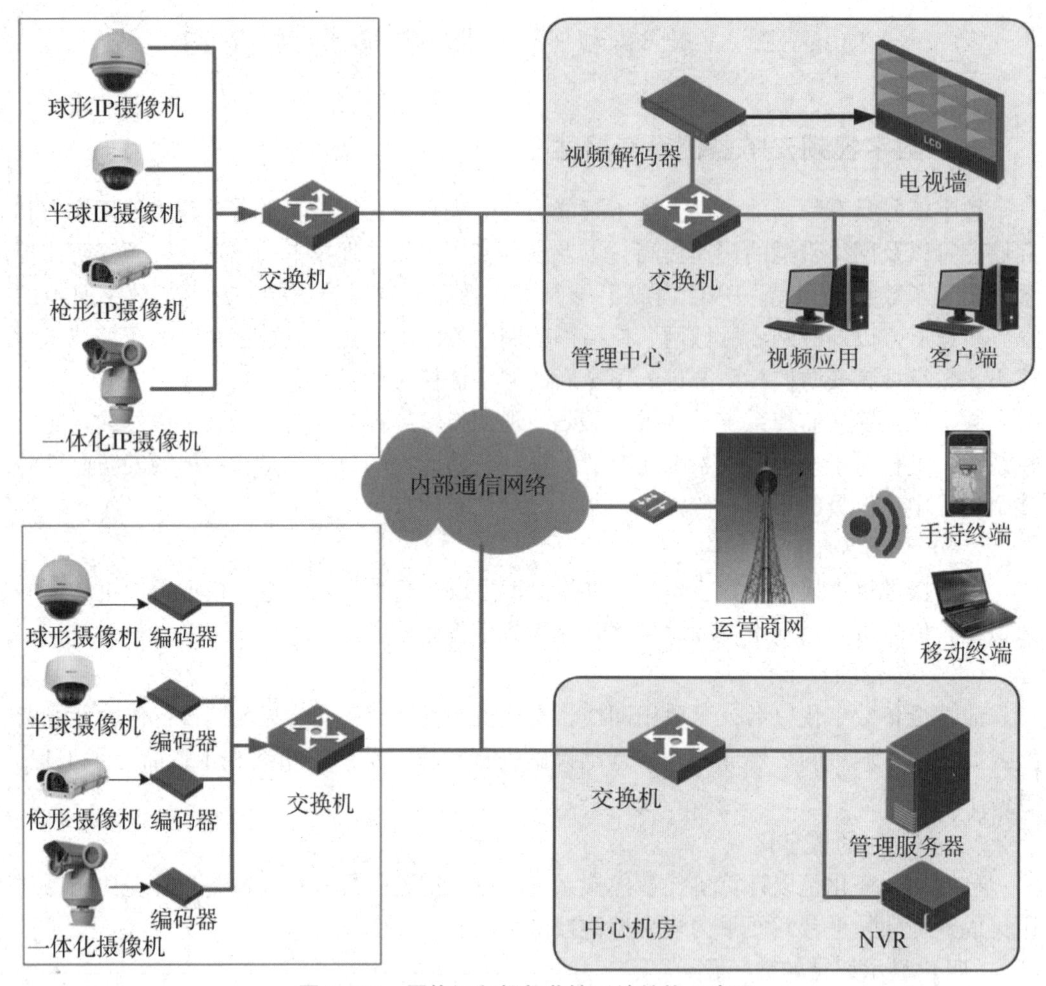

图3－15 网络远程视频监控系统结构示意图

1. 网络摄像机。网络摄像机可以直接产生数字图像信号，具有网络接入功能，它内置图像压缩单元和WEB服务器，远端的用户不需要任何专用软件，只要找到它的IP地址，通过网络浏览器就可以进行实时的监控。

2. 视频编码器。视频编码器又叫视频服务器，用来把模拟摄像机产生的模拟信号转换为数字信号，并且压缩编码以后上网传输，属于数字视频安防监控系统的前端设备，有的视频编码器还提供一定容量的本地存储能力。

（二）传输系统

数字视频安防监控系统的传输系统依托于局域网或者互联网存在，具体组成和结构与计算机网络相同。

1. 传输线缆。交换机与计算机或其他网络设备是依靠传输介质连接在一起的，而每种传输介质的传输距离都是有限的。根据网络技术不同，同一种传输介质的传输距离也是不同的。当网络覆盖范围较大时，必须借助交换机进行中继，以成倍地扩展网络传输距离，增大网络覆盖范围。

2. 交换机。网络设备中，交换机是不可缺少的一种网络设备，其作用也是将传输介质的线缆汇聚在一起，以实现计算机的连接。交换机在网络中最重要的应用就是提供网络接口，连接计算机、服务器、网络摄像头以及其他网络设备都必须借助交换机才能实现。

3. 路由器。路由器是一种网络设备，也称为网关，它的主要功能是将数据包从一个网络转发到另一个网络，用来把多个网段连接起来进行网络扩展，一般用于局域网和外网的连接。

（三）终端系统

1. 监控中心。监控中心一般由大型控制台、大屏幕拼接电视墙和网络信号上墙解码器组成。如果需要，可以设立多个分控中心，分控中心只要使用任何一台 PC 机远程登录到视频监控系统输入合法的账号、密码，便可以完成对应授权的操作。

2. 主机房。主机房用来存放交换机、磁盘阵列以及各种服务器，是整个系统的核心所在。中心机房集中了所有的终端设备，监控中心退化为一个调用图像的场所。

3. 存储设备。数字视频安防监控系统一般可以实现分布式存储，一部分视频可以存储于前端摄像机的 SD 卡，或者现场附近的网络硬盘录像机，但是重要的数据要存储于监控系统主机房的磁盘阵列中。

4. 控制设备。数字视频安防监控系统使用大型集成管理平台对系统进行统一的管理，实现了分布式多级分控，有效地提高了系统的综合处理能力。除了实现传统的模拟系统的视频监控、云台控制、报警联动功能，合法的授权用户还可以在任何时间、任何地点、在任意一台工作站登录集成管理平台，成为一个“临时的”副监控中心，对系统进行监控和管理。

5. 视频解码器。视频解码器的作用和视频编码器正好相反，是一个能够对数字视频进行压缩或者解压缩的程序或者设备，用来把来自网络的摄像机数字信号转换为模拟信号，方便连接到 VGA 或者 BNC 接口的矩阵，以上电视墙进行显示。

三、数字视频安防监控系统的主要设备

（一）网络摄像机

随着集成电路技术、网络技术、压缩解压缩技术的发展，网络摄像机得到了迅猛的发展和广泛的应用，它已经成为视频监控的标志和核心设备。网络摄像机不仅可基于局域网实现传统的区域监控，而且能基于互联网实现远程监控。

1. 网络摄像机的结构。网络摄像机，简称 IPC（IP Camera），是传统摄像机与网络技术相结合的新一代产品，在模拟摄像机的图像传感、镜头、处理电路等结构的基础上，网络摄像机增加了以下结构：

（1）编码芯片。网络摄像机图像和声音传感器产生的模拟信号被 A/D 转换芯片转换成数字信号以后需要按一定的格式进行压缩编码，所以压缩编码是 IPC 的另一个核心任务。

（2）网络模块和网络服务器。网络摄像机还增加了一个嵌入式芯片，内置嵌入式实时操作系统和 Web 服务器，将压缩后的视频数据封装成 TCP/IP 包，即可按相关网络

协议进行数据通信。授权用户使用标准的浏览器即可观看该摄像机的实时图像，远程控制摄像机的镜头和云台。

（3）主要接口。网络摄像机后面板提供网络接口用于 IPC 进行有线网络通信，还提供了一些其他的外部接口，如控制云台的 485 接口，用于报警信号输入输出的 I/O 口等。有的产品还提供对无线网络的支持。

2. 网络摄像机的工作过程。IPC 从视频采集、编码压缩到网络传输等各个环节全部实现了数字化，是真正的纯数字设备。一般网络摄像机的工作过程如下：

第一步，外界光信号经过镜头输入，声音信号经过麦克风输入后，由图像传感器与声音传感器转化为电信号。

第二步，A/D 转换器将模拟电信号转换为数字电信号，由内置的信号处理器进行预处理，再经过编码器按一定的编码标准进行编码压缩。

第三步，内置嵌入式操作系统将数据封装成 IP 包；在控制器的控制下，由网络服务器通过 TCP/IP 网络协议在局域网或互联网上传输。

第四步，控制器还可以接收报警信号及向外发送报警信号，并对云台和其他外部设备进行操作控制。

IPC 提供多级用户管理机制和 IP 过滤机制，使得不同级别的用户的访问权限不尽相同，即使获得授权，用户也只能进行自己相关权限之内的操作和活动。

3. 网络摄像机的优势。

（1）高清摄像机画质上优于模拟摄像机。网络摄像机则由于采用逐行扫描、数字信号传输的技术，在抗电磁干扰性、图像清晰度方面存在很大优势。高清摄像机的分辨率可以达到百万级像素甚至千万级，色彩更加的逼真，画面饱和度更佳，更加富有层次感。

（2）大大拓宽了监控范围。网络摄像机不但可通过以太网在局域网环境内部署视频监控系统，而且可以充分利用广阔的互联网资源，跨越地理环境的限制，将音视频信号传输到任何距离，大大拓宽了视频监控的范围。在后端还可以采用手机、PDA 终端、计算机等任何网络设备，随时随地监看及管理监控视频，及时掌握现场情况，而不必局限在监控中心。

（3）简化了线缆敷设工艺。网络摄像机只采用一根网线就可以把音频、视频、控制、报警信号全部进行传输，有的网络摄像机采用了以太网供电技术（POE）通过网线直接供电，甚至连电源线也不需要敷设了。由于网络摄像机的网线只要连接到最近的交换机或者路由器等网络设备即可，其余部分完全可充分利用已经存在的网络设施和综合布线系统，不必单独布线，大大降低了布线的工程量和成本。在不适宜布线的环境中，还可以使用无线网络完成远端监控及录像。

（4）多码流技术和丰富的存储方式。网络摄像机多采用 H. 264 编码技术。H. 264 比模拟摄像机普遍使用的 MPEG－4 编码存储能力高。编码效率的提高大大减少了网络传输、网络存储的成本。网络摄像机提供双码流选项，可以同时满足省容量存储和快速度传输的不同需求。

关于存储技术，一方面在网络中心使用功能强大的磁盘阵列构建大型的存储系统进行集中存储，另一方面网络摄像机提供了 USB 接口、SD 卡本地存储、FTP 服务器远程存储等多种灵活的存储方式进行冗余和补偿措施，提高了视频数据的安全性。

（5）方便系统集成。网络摄像机便于构建大型视频安防监控系统，系统拥有集成管理平台、流媒体服务器、3W 服务器、访问控制服务器、存储管理服务器、万兆网络交换机、网络防火墙等大型高尖技术的设备群，系统集成方便，功能十分强大。而且视频安防监控系统可以与多个应用系统并行通信或者联动以实现各种不同的功能，如侦测画面中的运动情况，或者发送不同格式的视频流等。新型的网络摄像机还能够配备其他更高级的功能，如动态监测、智能跟踪等。

（6）智能分析前端化。许多 IPC 厂商直接把入侵探测、人数统计、车辆逆行、丢包检测、人脸识别等行为视频分析功能植入前端 IPC 内，利用 IPC 的芯片进行视频分析算法，实现分布式的智能分析，从而大大减轻了后端设备的负担，方便大规模、分布式系统的构建。

（二）网络硬盘录像机

在视频安防监控从模拟向数字化发展的进程中，DVR 扮演了极其重要的角色。但是随着局域网、城域网、广域网等基础设施的日益发展，网络摄像机技术迅速发展，价格不断下降，这些为网络化监控的部署准备了充分的条件。人们对监控的网络化需求日益突出，这些需求推动了网络监控的发展，网络硬盘录像机 NVR 终结了 DVR，推进了网络监控系统的发展。

简单来讲，网络硬盘录像机 NVR 就是连接和处理网络摄像机的硬盘录像机。因为 IPcamera 输出的本身就是数字压缩视频，NVR 不需要模数转换，也不需要压缩，只管存储，当要显示与回放时才需要解压缩，不像 DVR 那样需要亲自进行视频数字化、压缩和处理，等于 NVR 从繁重的实时压缩编码中解放了出来。

1. NVR 和 DVR 相比较的优势。

（1）容易部署和扩容。NVR 采用了全网络化架构，监控点设备与 NVR 之间可以通过任意 IP 网络互联，因此，监控点可以位于网络的任意位置，不会受到地域的限制。

（2）布线方便。DVR 采用模拟前端，每个监控点到中心都需要布设视频线、音频线、报警线、控制线等诸多线路，布线工作量越大、施工越烦琐、布线成本也越高。在 NVR 系统中，中心点与监控点都只需一条网线即可进行连接，成本自然而然就降低了。

（3）即插即用。使用 NVR 只需接上网线、打开电源，系统就会自动搜索 IP 前端、自动分配 IP 地址、自动显示多画面，在安装设置上不说优于 DVR，但至少是旗鼓相当了。

（4）录像存储灵活多样。NVR 产品及系统可以支持中心存储、前端存储以及客户端存储三种存储方式，并能实现中心与前端互为备份，一旦因故导致中心不能录像时，系统会自动转由前端录像并存储；在存储的容量上，NVR 也装置了大容量硬盘，并设有硬盘接口、网络接口、USB 接口，可满足海量的存储需求。

（5）安全性更好。NVR 产品通过使用 AES 码流加密、用户认证和授权等手段来确保安全；DVR 模拟前端传输的音频、视频裸信号，没有任何加密机制，很容易被非法截获，而一旦被截获则很轻易就会被显示出来。

（6）实现了远程管理。NVR 监控系统的全网管理应当说是其一大亮点，它能实现传输线路、传输网络以及所有 IP 前端的全程监测和集中管理，包括设备状态的监测和参数的浏览。而 DVR 无法实现传输线路以及前端设备的实时监测和集中管理，前端或线路有故障时，要查实具体原因非常不便。

2. NVR 特点。NVR 的功能甚至软件界面都与 DVR 的十分相似，除了具备传统硬盘录像机的功能如现场监控、远程浏览、录像和回放、PTZ 控制、报警联动与管理功能外，NVR 还支持高清显示和多个画面同时显示，支持多种网络协议，具备完善的网络能力。远程客户端可管理多台 NVR，可同时浏览多个画面。

远程应用及后端管理是目前 NVR 基本的功能，也是最重要的功能。目前 NVR 的远程管理主要是使用基于 NVR 内建的 Webserver 或者通过打开远程客户端软件来进行看、录、放等基本操作，以及设备和系统的远程管理、报警联动等操作。后台管理则可通过系统管理平台对前端多台 NVR 设备进行集中管理及后台应用操作，与后台数据的远程备份及分层次的管理。

（三）视频编码器和解码器

视频编码器和解码器的核心技术是所安装的编码、解码算法，通常的编码压缩算法属于有损数据压缩，解码基本上是和编码的过程完全相反的过程。和如今的硬盘录像机和网络摄像机使用 MPEG－2 及 H. 264 算法一样，现在的编码器和解码器一般使用 MPEG－2 及 H. 264 算法进行视频数据的压缩、解压缩。

1. 视频编码器。

（1）视频编码器的作用。视频编码器是新一代的网络视频编码终端，集音/视频编码压缩、单播/组播实时流数据传输功能、远程网络传输为一体。视频编码器的主要功能是将实时音/视频信号进行编码压缩，并封装为 IP 数据包后传送到 IP 网络。本地摄像机经过编码以后的数据可以实时存储在本地或者远程的磁盘阵列中。

视频编码器一般都支持不同图像质量的双流，实时监视和存储可以采用不同的码流，满足灵活的客户监视存储质量需求，辅流支持 MJPEG 格式，支持单播和组播功能。支持多种图像分辨率 CIF/2CIF/4CIF/FULL D1，支持多种网络协议，既能够基于专网提供高清图像，又能够基于现有公众网络提供不同级别的图像质量。

（2）视频编码器的特点。

①开放标准：视频编码器支持 IP、TCP、和 HTTP 等各种标准网络协议，可以与各种不同类型的网络设备无缝连接。视频编码器支持 NTSC 和 PAL 等标准制式的视频输入；支持通用云台控制协议，可以方便地远程控制云台。

②可靠性高：视频编码器采用嵌入式架构和工业标准设计、生产，系统实时压缩，稳定可靠，效率高。

③安装简单，操作容易：安装过程快速简单，只需要通过 BNC 接口连接视频源，通过 RJ45 接口接入以太网即可。无须现场人工维护和操作，只要采用浏览器或者监控软件客户端进行远程操作就可以，界面友好，易于掌握。

2. 视频解码器。视频解码是视频编码的逆过程，网络视频解码器的工作与网络视频编码器的工作正相反。与编码有硬编码和软编码相同，视频解码也有硬解码和软解码之分。硬解码通常由 DSP 完成，软解码通常由 CPU 执行解码算法程序完成。

硬解码器通常应用于监控中心，一端连接网络，另一端连接监视器。主要功能是将数字信号转换成模拟视频信号，然后输出到电视墙上进行视频显示。软解码器通常是基于主流计算机、操作系统、处理器、运行解码程序实现视频的解码、图像还原过程，解码后的图像直接在工作站的视频窗口进行浏览显示。

视频解码器优点如下：

（1）压缩/解压缩算法升级到 H.264 High Profile，拥有主辅两种码流同时预览功能，主码流确保图像高质量；辅码流网络实时传输，可轻松解决带宽瓶颈。

（2）支持 TV、VGA 和 HDMI 同时输出，VGA、HDMI 全高清 1080P 显示输出，彻底颠覆了传统监控的显示效果。

（3）强大的网络服务，支持各类手机监控，支持 3G 技术，WIFI 模块扩展。

（4）支持多种网络浏览器，轻松实现互联互通，操作简单方便。

（四）磁盘阵列存储器

安装在一个机箱里的多块硬盘，如果不采用磁盘阵列技术（RAID），其结构仅仅是一个简单捆绑的“磁盘簇”，通常又称为 Span。Span 是在逻辑上把几个物理磁盘一个接一个地串联到一起，从而提供一个大的逻辑磁盘，其存取性能完全等同于对单一磁盘的存取操作，也不提供数据安全保障。

如果把很多磁盘通过高速接口连接成一个有机的磁盘系统整体，硬件上采用牢固、防震散热、供电可靠的结构，软件上采用数据镜像、奇偶校验、并行处理等技术，来提升整个磁盘系统的效能，并且采用专门的存储系统软件进行专业的管理，这样就构成了一个大型的存储系统——磁盘阵列存储器。

磁盘阵列柜（外形如图 3－17 所示）就是装配了众多硬盘的外置的 RAID 设备。由于磁盘阵列柜具有数据存储速度快、存储容量大等优点，所以在视频安防监控系统中用于构成大型存储区域网络，进行海量数据存储。

图 3－17　磁盘阵列柜设备图

磁盘阵列存储器主要有以下两种工作方式：一是硬盘录像机或服务器可以通过专用电缆直接连接到磁盘阵列存储器，每台硬盘录像机独享自己所连接和管理的存储磁盘，数据存储以文件为单位进行，实现共享和再分配十分困难，多台硬盘录像机或服务器各自独立工作，无法实现集中管理解决方案。二是多个磁盘阵列也可以通过千兆、万兆网线连接到高速交换机，组成存储区域网络架构，这种情况下存储区域网络独立于服务器之外，通过高速数据通道把多个存储节点连接起来构成专门的高速存储系统，应用服务器通过网络方式和存储设备进行连接和使用。这种方式存储管理任务集中在相对独立的存储区域网内，数据存储以数据块为单位进行，存储效率提高，共享效果好。

实训　视频安防监控系统的应用

实训一　视频安防监控系统的实时监控实训

一、实训目的

1. 能够认知视频安防监控系统的系统结构和系统包含的主要设备。

2. 掌握视频安防监控系统的实时监控功能，通过分组实验，体验安防监控键盘操作摄像机和云台的基本功能。

二、实训设备

1. 视频监控实训室模拟实训台。主要实训设备包括：

（1）摄像机。枪机、半球、球机、针孔摄像机各一台。

（2）终端设备。矩阵主机、监控键盘、硬盘录像机、显示器。

2. 监控中心。具体设备包括液晶拼接墙大屏幕、监控矩阵、硬盘录像机等视频设备。

三、实训内容与步骤

1. 实时监控。在对摄像机进行任何操作之前，必须把它的图像调用到当前屏幕，这是一个基础操作。例如，调用 1 号摄像机在 2 号监视器上显示：

（1）按 2 数字键，按 MON 键；

（2）按 1 数字键，按 CAM 键。

此时 2 号监视器显示 1 号摄像机画面。

2. 控制解码器（遥控摄像机）。摄像机云台、镜头、预置及备用功能的操作在摄像机被调至受控监视器时起作用。

（1）云台控制。

· 调要控制的摄像机至受控监视器；

· 偏动并保持操作杆到想要云台移动的方向就可移动云台，云台移动的速度正比于操作杆偏离的程度，即操作杆偏离中心位置越远，云台移动的速度越快；

· 将操作杆转回到中心位置云台即停止转动。

（2）镜头控制。调要控制的摄像机至受控监视器，按想要操作的镜头功能键就可控制镜头，下面是矩阵主机的监控键盘用来操作这三个参数的按钮实物（如图 3－20 所示）。

·顺时针旋转矩阵的摇杆或者按键 Zoom Tele 或 Zoom Wide 即可改变镜头的变倍比，从而改变焦距，实现镜头的拉伸。

·按键 Far 或 Near 即可实现镜头的聚焦。

·按键 Open 或 Close 即可实现把镜头的光圈开大一些或者关小一些。

图 3－20　安防监控键盘上调整光圈、聚焦、对焦的按钮

3. 控制高速智能球。

（1）变速水平垂直运动：操作矢量摇杆。操作杆偏离中心位置越远，高速智能球运动的速度越快。

（2）镜头操作：操作 NEAR/FAR 对镜头进行调焦；操作 WIDE/TELE，可得到全景或特写图像。

（3）设置预置位：选择摄像机，调整好图像，输入自己定义的预置位编号，按 Shot 键，再按 On 键。

（4）调用预置位：先在数字区输入想要调看的预置图像号码，按 Shot 键，再按 Ack 键。

（5）删除预置位：先在数字区输入想要调看的预置图像号码，按 Shot 键，再按 Off 键。

实训二　视频监控系统的录像实训

一、实训目的

1. 掌握硬盘录像机的设备功能、硬件接口及其软件界面。

2. 掌握录像查询、录像下载及播放等功能。

二、实训设备

视频监控实训室模拟实训台。

主要实训设备包括：

1. 摄像机：枪机、半球、球机、针孔摄像机各一台。
2. 终端设备：硬盘录像机、显示器。

三、实训内容与步骤

1. 登录。功能硬盘录像机可以在本地登录，开机以后使用鼠标点击软键盘界面输入登录密码即可。登录成功以后只要单击鼠标右键，屏幕会弹出快捷菜单，可以进入主菜单进行相应操作。

另外，还可以使用客户端软件或 IE 浏览器，输入硬盘录像机的 IP 地址，通过网络方式操作 DVR，登录界面，并在“登录系统”界面中，使用软键盘选择用户名，输入密码，单击“确定”按钮即可登录系统。

注意：软键盘的输入法使用鼠标左键点击进行切换。“123” 表示输入数字，“ABC” 表示输入大写字母，“abc” 表示输入小写字母，“：/?” 表示输入特殊符号。

2. 实时监控。用户名和密码核对无误后就可以进入如图 3－21 所示的视频监控画面，然后用鼠标根据菜单进行画面切换、云台控制等操作。

图 3－21　某嵌入式硬盘录像机实时监控界面

屏幕左侧为摄像机列表，中间是显示区域，可以设置为单屏，也可以设置为 4 屏、9 屏、16 屏等多屏，用鼠标把左边某个摄像机图标拖曳到显示区某个窗口，就可以在这个窗口显示该摄像机的图像。

（1）云台控制。将监视器的显示界面切换到高速球云台摄像机的监控图像，单击鼠标右键，并选择右键菜单的“云台控制”，进入“云台控制”界面，如图 3－22 所示的云台控制界面 1。

使用鼠标左键点击云台控制界面的上、下、左、右即可控制高速球形云台摄像机进行上、下、左、右转动。使用鼠标左键点击“变倍”“聚焦”“光圈”的“+”和“-”即可实现相应的操作。

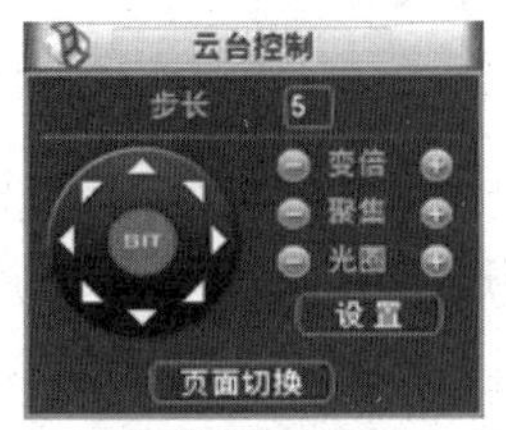

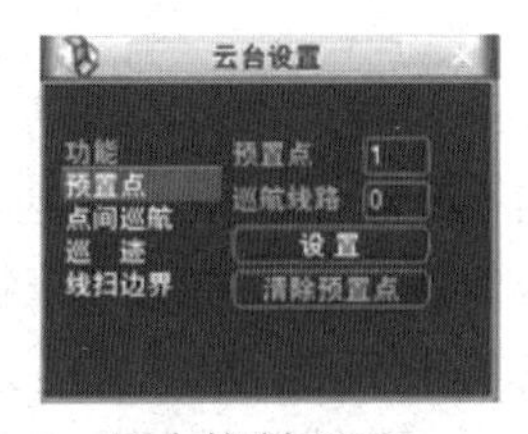

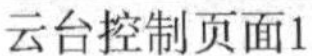
云台控制页面1　　云台控制页面2　　云台控制页面3

图 3－22　云台控制界面

(2) 云台控制的设置功能。点击图3－22的“设置”按钮，进入设置“预置点”“点间巡航”“巡迹”“线扫边界”的云台控制界面2，可以进行相应设定。例如，预置点的设置：通过云台控制页面，转动摄像头至需要的位置，再切换到云台控制界面2，点击“预置点”按钮，在“预置点”输入框中输入预置点值，点击“设置”按钮保持参数设置。

(3) 云台控制的调用功能。在上面第二步设置好预置点等功能以后，点击“页面切换”按钮，切换云台控制界面3。在预置点的值输入框中输入需要调用的预置点，并点击“预置点”按钮即可进行预置点的调用。

3. 录像查询和播放。

硬盘录像机的基本功能是进行录像，也可以对历史录像进行查询、回放和下载，也可以对每个通道的摄像机进行录像设置。录像查询操作步骤如下：

(1) 在菜单中选择录像查询命令，打开录像查询界面；

(2) 输入图像通道号选择摄像机，输入查询日期和时间，即可查询到相应的录像；

(3) 单击“播放”按钮进行录像播放，可以多画面或者单画面进行；

(4) 如果需要进行录像下载，先拖动时间轴滑块，设定需要录像的起始时间和终止时间，单击界面的“录像剪辑”按钮可以完成录像剪辑。单击“录像下载”按钮可以下载录像，在安装了录像播放软件的计算机上即可播放录像。

4. 定时录像。首先，在硬盘录像机的“高级选项/录像控制”界面，将录像状态改为“自动”，然后，在“录像设置”界面，选择通道参数，并设定自动录像的时间段，即可设定该通道的定时录像功能，具体操作界面可以参考图3－23。

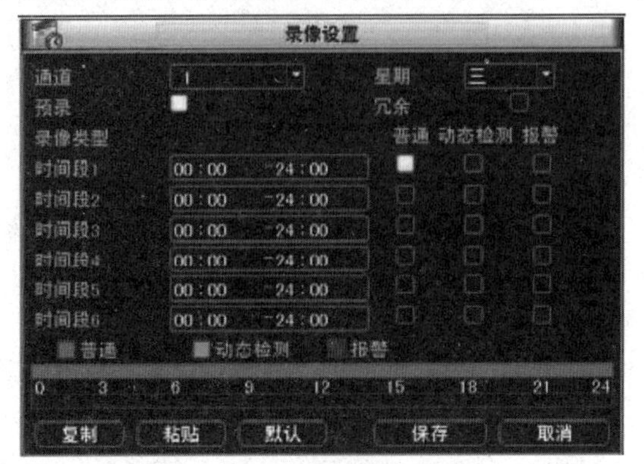

图 3－23　“录像设置”界面

要点小结

本模块介绍了视频安防监控系统的概念、组成、功能、发展历程等。

视频安防监控系统，是指利用视频技术探测、监视设防区域，并实时显示、记录现场图像的电子系统或网络。其根本任务是应能根据建筑物的使用功能及安全防范管理的要求，对必须进行视频安防监控的场所、部位、通道等进行实时、有效的视频探测、视频监视，以及图像显示、记录与回放，宜具有视频入侵报警功能。

视频安防监控系统主要由前端设备、传输设备、终端显示控制设备等部分组成。

视频安防监控系统具有实时监控、探测信息复核、图像信息记录、指挥决策、视频移动侦测、安全管理等功能。

模块四　出入口控制系统的应用

学习目标

1. 知道出入口控制系统的基本概念。
2. 了解出入口控制系统的种类。
3. 知道出入口控制系统的组成。
4. 掌握出入口控制系统的应用。

项目一　出入口控制系统概述

出入口控制系统可以看成是传统门锁系统的进一步发展。传统门锁系统结构简单，价格低廉，应用非常广泛。但由于其自身的特点，在保证安全方面还存在很多弊端，如钥匙可能被复制、丢失、冒用，管理起来不方便，出现紧急情况不利于逃生和救援等。随着计算机技术、自动控制技术、通信技术等的飞速发展，现代化的出入口控制技术在很多场所替代了传统的门锁技术。

出入口控制系统（Access Control System），在行业内又称为门禁系统。广义上讲，出入口控制系统是对人员、物品、信息流和状态的管理，所涉及的应用领域和产品种类非常广泛。安全防范系统中的出入口控制系统，是指采用现代电子与信息技术，在出入口对人或物这两类目标的出入，根据授权情况进行放行、拒绝、记录和报警等操作的控制系统。

出入口控制系统与视频安防监控系统、入侵报警系统、电子巡查系统、防爆安检系统等共同构成了整个安全防范技术系统。视频安防监控系统和入侵报警系统不能主动阻挡非法入侵，其作用主要是在遭受非法入侵后及时发现，并由人力防范系统进行处理。出入口控制系统可以将未经授权的人阻挡在防范区域之外，起到主动保护区域安全的作用，是技术防范的重要组成部分。

出入口控制系统是安全防范系统的重要组成部分，应用非常普遍，是大型、综合性安全防范系统不可缺少的部分。同时，出入口控制系统本身包含了安全防范系统所有的要素，可以独立地构成各种实用系统。随着出入口控制技术的发展，它逐渐融合了探测和视频技术，成为安防技术重要的具有特色的发展方向。

出入口控制系统的核心技术是特征识别，是在信息及自动控制技术的基础上发展起来的，是现代信息技术的产物，是数字化社会的特征。

出入口控制技术还被应用在停车场管理系统、高速公路自动缴费系统、考勤系统、电子巡查系统、一卡通系统等其他领域。

一、出入口控制系统的基本要素

出入口控制系统的核心技术是特征识别，是在数字技术的基础上发展起来的，是现代信息技术发展的产物，是数字化社会的特征。

出入口控制是很宽泛的概念，既可以是现实（物理）的，也可以是虚拟的；系统控制和管理的对象可以是人流、物流，也可以是信息流；保护的可以是有形的财富，也可以是无形的财富。无论什么样的系统及应用，出入口控制系统都具有三个基本的要素，即特征载体、特征识别（读取）和锁定（联动）机构。

（一）特征载体

出入口控制系统对人流、物流、信息流进行管理和控制，首先要能对控制对象进行身份和权限的确认，由此来确定他们行为（出入）的合法性。这就要通过一种方法赋予他们一个身份与权限的标志，称为特征载体。它载有的控制对象身份和权限信息就是特征。

在技术上，特征载体是出入口控制系统管理和控制的对象。根据系统的安全要求，特征载体可以是唯一的，也可以是公用的。可以采用单一特征，也可以由多种特征组合而成。特征载体的可靠性和安全性通常由密钥量和防伪性来表示，出入口控制系统的安全性还包括特征载体与识别装置之间数据交换的保密性。这些特征载体要与持有者（人或物）一同使用，但它并不一定与持有者具有同一性，这就意味着特征载体可以由别人（物）持有使用。

“机械锁”的钥匙是一种简单的特征载体，其“齿形”就是特征。

目前，实用的特征载体很多，主要有证件、钥匙、条码卡、磁卡、ID 卡、IC 卡等。除了这些实物的传统的信息特征载体外，还有另外两类特征载体——密码、生物特征。密码即是一类授权的特征，载体是使用者的大脑。生物特征是从“人体”上找出的特征，它们具有极高的唯一性和稳定性。近年来，生物特征识别技术的发展很快，许多产品已得到了广泛的应用，如指纹识别，有些则日臻成熟，表现出良好的应用前景，如面部识别等。指纹和面部等生物特征就是另一类特征载体。

（二）特征识别（读取）

1. 特征识别的功能。特征识别通常又分为两个层次：一是对特征载体的识别，仅通过特征载体的有效性来判断持有者行为的合法性，应用于一般安全要求的场合；二是识别特征载体，并对其与持有者的同一性进行认证，主要应用于高安全要求的场合。它不但能识别特征载体的有效性，还能判断使用者是不是合法的持有者。同时识别两种不同的特征载体是对持有者同一性认证的常用方法，如识别双卡（双人持有）、读卡加密码输入、读卡加生物特征识别等。显然，生物特征识别是同一性认证最有效的手段，因为它的特征就取自持有者。

电子特征读取装置的识别过程是，将读取的特征信息转换为电子数据，然后与存储在读取装置存储器中的数据进行比对，根据比对的结果来确认持有者的身份和权限。这一过程称为“特征识别”。

2. 特征识别（读取）装置。特征识别装置是与特征载体进行信息交换、实现特征识别的设备。它以适当的方式从特征载体中读取持有者的身份和权限信息，以此判断持有者的身份和行为（出入请求）的合法性与权限是否相符。

显然，特征读取装置是与特征载体相匹配的设备，载体的技术属性不同，读取设备的属性也不同。磁卡的读取装置是磁电转换设备，IC 卡的读取装置是电子数据通信装置，通常被称为读卡器。人工查阅证件是最简单的特征读取和识别方法。机械锁的读取装置就是“锁芯”，当钥匙插入锁芯后，通过锁芯中的活动弹子与钥匙齿形的吻合来确认持有者的身份和权限。

特征读取装置（读卡器）大多只具有读取信息的功能，应用于出入口控制系统的前端，完成从特征载体提取信息的功能，然后通过控制单元将判断结果输出到锁定机构。有些则具有向特征载体写入信息的功能，称为“读写装置”。向特征载体写入信息是系统向持有者授权或修正授权的过程，系统使用载体的特征可以修改和重复使用。这些装置主要用于有计费、计时功能的系统。

机械锁的钥匙是不能修改的，因此，它所代表的权限也是不能改变的。人的生物特征是不能修改的，但其所具有的权限可以通过出入口控制系统的管理功能来改变。

特征识别装置与特征载体的相互匹配构成了出入口控制系统的基本数据（信息）链路，是实现出入口控制系统基本功能的前提，是系统最具特点并决定整体技术性能的部分。

（三）锁定（联动）机构

1. 锁定机构。出入口控制系统的基本防护功能是由锁定机构决定的，“锁定”即“防护”，由此系统有了安防的功能，“锁”就是“禁”，于是有了门禁系统这一通俗叫法。出入口控制系统只有设计了适当的锁定机构才具有实用性。当读取装置确认了持有者的身份和权限后，要使合法请求者能够通畅地出入，并有效地阻止不合法的请求。

基于相同的特征识别方式（装置），配合不同形式的锁定机构，构成了各种不同的出入口控制系统，换句话说，锁定机构决定了出入口控制系统的不同应用。比如，地铁收费系统的闸机、停车场的阻车器、自助银行的收出钞装置等，这些完全不同的锁定机构，使 IC 卡实现了不同的作用。如果锁定机构是一个门，系统控制的就是门的开启/闭合，就是狭义的“门禁”系统。

机械锁本身就是门禁系统的一种锁定机构，当锁芯与钥匙的齿形吻合后，可转动执手，收回锁舌使门开启。

出入口控制系统的锁定机构必须具有适当的抗冲击能力，否则它就只是一个管理系统，不具备安全防范的功能。所谓“锁定”，表示一种通常的状态（门、装置的锁定、系统的不开放），当特征识别装置确认了请求者行为的合法性，受其控制的锁定机构将释放（门、装置打开、系统开放），因此，它是受控于特征识别装置的状态转换机构或特征识别装置判断结果的执行机构。锁定机构的抗冲击强度决定了系统的安全性，也决定系统应用的目的，如用于防盗、防抢、防破坏，即要求门具有很高的抗冲击能力，而用于一般性的人流控制，只要一个拨杆就可以了。

锁定可理解为实体装置的状态控制，也可理解为虚拟环境的过程控制，如信息系统的安全管理，对于不能通过身份认证的用户，不允许其打开、修改、拷贝某些文件或操作系统就是一种锁定。这说明“门禁”可以是有形的，也可以是无形的。

2. 联动机构。联动装置是出入口控制系统的重要组成部分，可以认为是锁定机构的延伸。它有许多形式，包括系统地控制各个锁定机构之间的联动；多级防范区出入控制系统的防越权、防反传、防跟随；重要部位的双重锁定、要人（VIP）访客系统的双门结构等。还有出入口控制系统与其他技术系统的联动，如与自动识别、视频监控、消防系统等的联动，或向其他系统输出各种信息或指令，实现报警或图像切换，或接收它们的指令，改变系统的状态。

联动机构可以说是系统反应的手段，如在要害部位出现非法请求时，除锁定机构保持锁定状态外，启动相应的联动机构，警告、控制或制服非法行为者。

锁定机构和联动装置主要根据系统的安全要求来设计，同时，要适应不同的应用环境和建筑基础条件。形形色色的联动装置使出入口控制系统的功能更加丰富、多样，近年来逐渐热起来的要人（VIP）访客系统就是典型的实例。

二、出入口控制系统的模式

将上述三个基本要素［特征载体、特征识别（读取）、锁定（联动）机构］组合起来可以构成多种形式的出入口控制系统，其基本模式主要有：

（一）前置型

前置型又称单机型离线式，由一个前端控制器（门口机）独立地完成特征信息的读取、鉴权（识别），并控制锁定机构的状态。

通常对非法请求采取拒绝方式（视其为请求者的不当操作）。前端控制器可以具有本地报警功能，对连续、多次出现的非法请求予以警告，也具有少量的信息存储能力，记录最新发生（多少条）的出入信息，并可通过读出卡将其读出，在系统控制器（计算机）上显示，如图4－1所示。可以说，前置型出入口控制系统的特征识别、系统管

图4－1　前置型系统

理与控制功能全部在一个设备内完成，系统的每个前端控制器（门口机）之间没有任何电气、物理和数据上的联系，可以识别的特征量是有限（基本上是唯一）的。

前置型系统用于一般安全要求的场合，如宾馆、居民住宅等，对误识率和误拒率的要求不高。主要产品有各类锁具（机械、电子）、楼宇对讲等。

（二）网络型

网络型系统也称在线式，所谓网络不仅是指系统网络的拓扑结构，也是指系统各前端设备之间的功能联动，前端控制器与系统控制器之间的信息交换和系统管理。系统对非法请求产生报警或启动联动机构是网络型系统的主要工作方式和特点。网络型系统是出入口控制技术最具特色的部分，又可分为多种模式，但基本的结构和设备构成如图 4－2 所示。

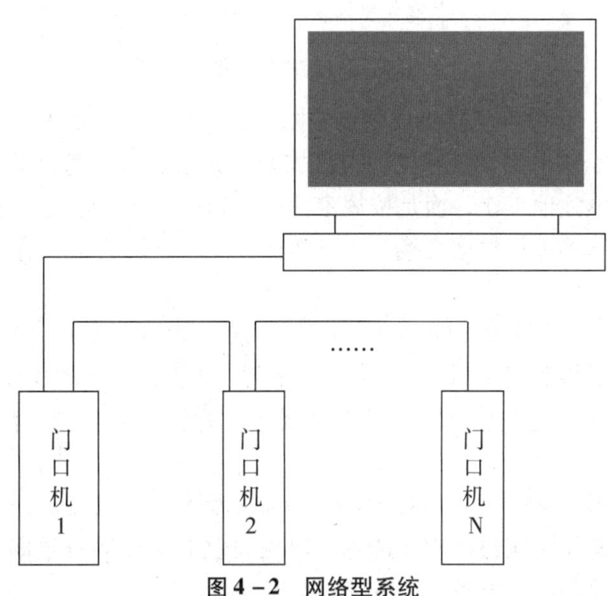

图 4－2　网络型系统

网络型系统由前端控制器、系统控制器（HOSTPC）及它们之间的数据传输构成。

1. 前端控制器。通称为门口机，是前端设备的核心，它首先要完成特征信息的读取、识别及锁定机构和联动装置的控制等功能，同时，又是系统网络的节点设备，通过适当的通信方式（光发/收、调制/解调、总线、网络），接收系统控制器的下传数据、指令，上传需要报警、存储、联动的信号和数据。其基本功能有以下几点：

（1）特征识别。通过键盘和/或读卡器（双向控制有两套识别装置）来读取特征载体的信息并完成识别，或者同时进行同一性认证；

（2）锁定机构和联动功能的控制，同时监控它们的状态。具有双向门间互锁、防重复、防反传、限时/限次等功能；

（3）监控功能。具有状态自检、防破坏、数据加密、报警、事件记录、电源（备用）监测等功能；

（4）联网功能。利用网络或总线连接完成与其他前端控制器和系统中央管理器间的数据通信。

（5）辅助功能。辅助输入/出接口、报警探测器、巡更系统、联动装置的控制接口等。

网络型前端控制器也可以独立使用，通过键盘和读卡器进行功能设置和修改，成为一种高档的前置型设备。图 4－3 所示是典型的前端控制器（门口机）的组成。

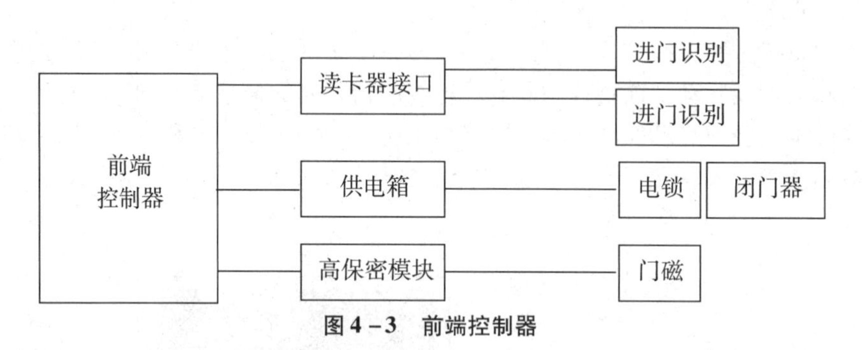

图 4－3　前端控制器

2. 系统控制器。又称系统主机或中央控制器，主要功能有以下几点：

（1）构成多安全级的系统，根据防范区安全级别实行分级管理和分层控制。各级、各层不是孤立地、单独地工作，而是按规定的程序和正常顺序运行。这就要求各门口机之间要通过中央控制器进行数据交换，对发生在各个门口机的非法请求进行统一的分析和判断。

（2）系统的授权。用户的权限包括出入的地点、时间、顺序、次数、与同行者的关系等。可以通过下传数据对用户进行授权、修改、撤销，也可以对现场授权进行存储（通过下传数据）。所有这些功能设置及下面提到的系统状态控制，都是通过系统控制器进行编程和调用来实现的。

（3）显示、报警及控制。系统控制器可以显示系统运行状态、系统的报警信息和系统故障状态。报警显示应包括越权请求、出现失效卡（原因有过期、挂失、伪造等）等。系统可以直接控制前端设备，完成锁定、联动等。

（4）信息存储。系统能够在一定时间内存储报警、运行等信息，并能方便地查询，系统要建立工作日志。

（5）网络管理和状态监控。出入口系统控制器可以对系统进行全面的管理和系统状态监控。

（6）出入口控制系统与其他自动系统集成的专用网关，通过 LAN，采用 TCP/IP 方式（目前最常用的方式）实现出入口系统与其他系统的集成。如果说，出入口控制系统是建筑智能化系统的一个子系统，它位于控制层和现场操作层，通过系统控制器在管理层与其他子系统中进行集成，实现资源共享和在统一的平台进行管理和控制。

目前，主流的出入口控制系统都有一个功能完善的图形用户界面，可以实现图形界面的人机交互及与其他系统的集成和功能联动，如图像自动切换等。以出入口控制系统为核心，通过它的功能的扩展实现各种子系统的集成，或者与其他系统产生接口关系，已成为安防系统的一种新的选择。

三、出入口控制系统的网络结构

网络型系统的基本特征是前端控制器与系统控制器之间的通信（数据交换），实现这一功能的网络结构有多种方式，目前应用较多的有总线方式、环线方式及它们的级连。下面分别予以介绍：

（一）总线方式

出入口控制系统的前端控制器通过总线与系统控制器相连，如最常用的 RS－485 总线，各个前端控制器跨接在总线上，最后的前端控制器要端接匹配电阻，以保证线路的阻抗匹配。图 4－2 所示就是典型的总线式系统。系统控制器可以连接多路总线，每路总线对应一个网络接口。

（二）环线方式

其实环线也是一种总线方式，所有的前端控制器都跨接在线路上，但可以从两个方向与系统控制器连接实现通信。因此，系统控制器要有两个网络接口，当线路有一处发生故障时，系统仍能正常工作，并可探测到故障的地点。图 4－4 为环线方式的示意图。

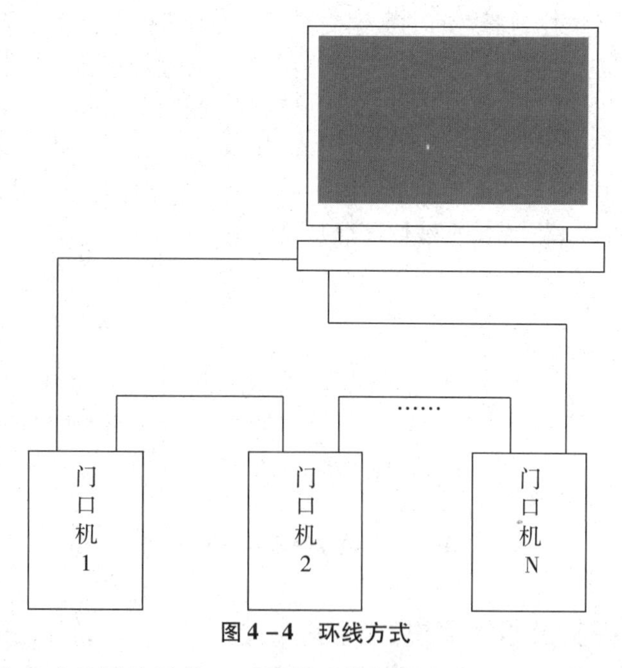

图 4－4　环线方式

系统采用哪种方式的网络结构，可根据系统的设备布局和安全性要求来定，两种方式在技术上并无优劣，通信方式也基本相同。与入侵报警系统不同的是，线制不同会导致不同的通信方式。

（三）系统的级连

根据通信协议的转换方式，出入口控制系统可分为单级结构和多级结构。

1. 单级结构。出入口控制系统的前端控制器与系统控制器都处于同一个网络之中，上面介绍的系统（见图 4－2、图 4－4）均为这种结构。它们之间采用一个通信协议实现数据的交换和系统的管理、控制。大多数出入口控制系统及智能建筑的控制层与现场层之间都采用这种结构。

2. 多级结构。出入口控制系统的前端控制器与系统控制器处于两个不同结构的网络中，因此，它们之间的通信要经过协议转换，如图 4－5 所示。

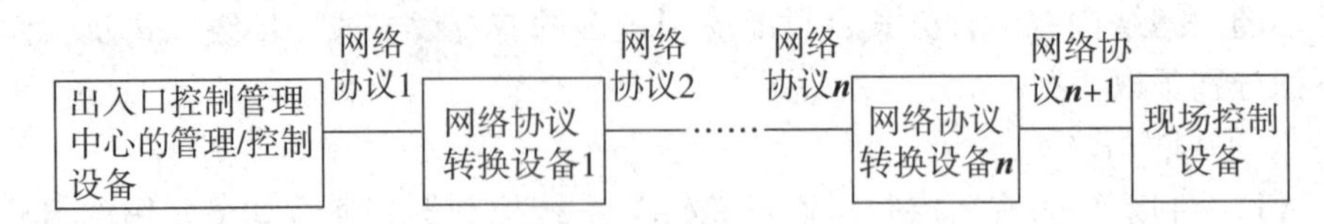

图 4－5　多级网结构

如果把系统管理层的控制设备视为系统控制器，通常它与前端控制器处于两个网络之中，一个是执行 TCP/IP 进行通信的 LAN，另一个是通过 RS—485、LON—WORK 或者 BACKNET 的总线或现场操作网络。它们之间的通信要经过协议转换。正如上面的介绍，此时，现场控制器作用如同一个专业网关，起到两个网络连接的功能。通常是两级结构，用于出入口控制系统与其他自动化系统间的集成，如建筑环境监控系统。理论上可以是更多级的，但这种广域的系统应用不多。

前端控制器与系统控制器之间的数据交换，还有其他的方式，如无线方式、数据载体传输方式。前者是无线联网的网络型系统，后者是通过可移动的数据载体来进行前端控制器与系统控制器之间的通信。系统介于单机型与联网型之间。采用信息采集棒方式的巡更系统就是这种方式，单机型系统对门口机的功能设置和存储信息的读取也是采用数据载体的方式，图 4－6 所示为其示意图。通常，数据载体与特征载体是相同类型的，但它必须可以读/写数据，而特征载体可以是只读。

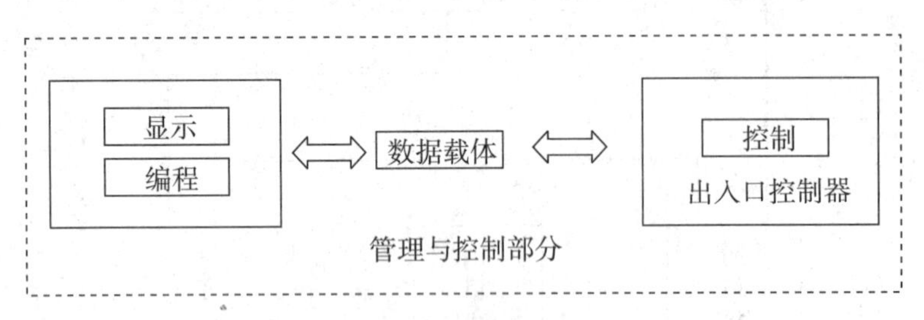

图 4－6　数据载体通信方式

四、出入口控制技术的应用

出入口控制技术在安全防范领域的应用多种多样，例如，在公共事业领域得到了广泛的应用，各种一卡通系统就是典型的例子。从其控制和管理的对象划分，主要是人流控制与管理、物流管理、安全监控与过程控制。

（一）人流控制与管理

人流控制与管理是安防系统的常用方式，主要有以下三种：

1. 出入口管理与控制。出入口管理与控制主要是用于对人流的控制和管理，即利用适当的特征载体和识别装置，对防范区进行各安全级别的管理和控制，根据安全要求采取不同的响应方式或系统模式。这种出入口管理不仅要与系统的物理周界很好地结合起来，还要与周界探测系统集成为一体，才能取得更好的效果。此种方式在目前安全防范系统中比较常见。

2. 巡更系统。巡更系统是电子巡查系统的简称。巡更系统是一种有效的安全防范和管理方式，它把人员的巡逻作为探测手段，并通过对巡逻过程的规范管理保证其有效性和准确性。因此，安全防范系统采用巡更（及其他同类的）技术和巡更系统的设计，代表着一种重视人的作用的安全防范思想。

通过设定巡逻路线、时间、顺序和信息反馈方式及采用一个适当的信息采集手段就构成了巡更系统。信息采集棒或信息按钮是常用的方式。利用特征识别技术，并与出入口管理系统集成在一起，是目前应用较多的形式。

3. 楼宇对讲。楼宇对讲是小区安防中应用最普遍的系统。系统的核心是门禁控制器（门口机）。用户使用钥匙/卡/密码开门，访客则通过与主人的（图像/语音）通信被确认，由客户机控制开门。系统的主机具有交换功能，负责建立门口机到客户机的通信。

可视型或对讲型实质上是在同一基本门禁系统的基础上增加图像或声音的验证手段，在门口机上增加摄像机或传声器。

（二）物流管理

物流管理，即以货品、车辆等为控制对象的系统，主要有：

1. 停车场管理。停车场管理是安防系统的组成部分，主要采用射频识别（Radio Frequency Identification，简称 RFID）方式，适当的设置车辆探测装置（如地磁线圈），对车辆的出入进行管理和控制。除此之外，停车场管理系统通常还具有车位显示、车辆调度功能（由多个停车场系统组成的综合性管理网络），同时，它还是一个计费系统。在安防系统中，停车场管理通常作为出入口控制的一部分，如小区停车场管理与外周界管理集为一体，建筑物的地下停车场管理与建筑的出入口控制集为一体，是一种人流和物流综合的管理系统。

2. 电子商品防盗系统。电子商品防盗系统被广泛地应用于商品防盗系统（在欧美有专门的标准）中，是一种物流管理系统。由电子标签（IB 卡）、识别装置和激活器组成。识别装置为一电子振荡器（线圈），电子标签为一谐振回路。当电子标签通过识别装置建立的电磁场时，发生谐振，致使识别装置出现电流峰，从而产生报警输出。激活器是在收款时使电子标签失效或复用的装置。这种系统成本低、可靠性高，非常适用于超市等自助式商业。

目前，欧美国家又推出了新的产品电子标签，它是一种 RFID，工作于 UHF 频段（我国规定为 912～916MHz），采用印刷技术制造平面天线和 INLAY 封装可使特征卡像纸一样，应用非常方便，由于它是 CPU 卡，可以读写数据，功能非常丰富，具有非常广泛的应用前景。

采用适当的特征识别方法还可建立许多实用的物流管理系统，用于物品防盗、仓库管理、违禁品控制等。例如，在爆炸物等违禁品中增加标志物，通过对它的识别，对违禁品的交易、运输、存储进行管理和控制及对危险源进行识别。

3. 车辆识别。车辆识别是通过对车辆识别卡（VID）的识别来分析车的流量、流向，从而识别被盗车辆、受控制车辆，发出报警和监控其运行路线。

（三）安全监控与过程控制

安全监控与过程控制是出入口控制技术或特征识别技术应用非常普遍的领域，特别是在公共服务领域。系统主要是对信息流的控制，与安防紧密相关的主要有：

1. 安全监控与业务管理。当前，许多服务性系统都有无人值守的基站，对于这些基站的安全监控是非常重要的，同时，对这些设施的维护工作也需要进行监控和管理。利用出入口控制系统的前端设备作为信息采集和网络的节点设备构成的大型安全监控和业务管理系统非常有效和经济。这些系统已成功地应用于电话、移动通信和自助银行等领域。

2. 开放式服务系统的安全管理。可以把它们看作虚拟世界的出入口控制系统，主要用于安全认证和对信息流的管理。如信息系统、电子交易系统、交互电视（收费电视）及公共通信系统等，它们必须通过特征识别，进行身份认证和权限的认证，然后再开放系统，提供服务。这些应用，在系统的形态上与前面几种的差别很大（主要是指物理意义上的门及出入），但系统的要素是相同的，采用的技术基本相同。正是这种虚拟系统的安全管理把出入口控制技术和产品提升到了一个新的高度。

3. 公共事业管理。公共事业管理涉及人流、物流、信息流等多种方式，是社会信息化水平和文明程度的表现。基于IC卡技术的系统已广泛应用于公共事业的各个领域。如公共交通的收费系统，城市公共事业（水、电、气）的收费系统等。

4. 一卡通。一卡通是以IC卡为载体，计算机和通信为基础，将一定范围的各种设施连成一个有机的整体，进行授权、管理、消费、结算的服务系统。根据这个定义，一卡通可以实现上述各种应用规模的扩大，也可以实现上述各种功能的集成。“一卡”是指采用一种特征识别手段，“通”则意味着广泛（业务、地域）的应用范围。市场上已有多种一卡通系统，其含义并不确定，但它将是出入口控制技术最有前途的应用领域。

五、出入口控制系统的产品分类

出入口控制系统的基本要素和系统模式决定了它的主要设备及功能要求，下面将分别说明，重点是门口机和特征卡。

构成出入口控制系统的各个要素可表现为不同的产品，各制造商为满足市场的需求必须考虑产品的通用性、互换性及新产品的兼容性。同时，也要为降低生产成本，选择通用性的产品来实现大批量生产，并使自己的产品能与其他厂家的产品配套、集成，以构成各种实用的出入口控制系统。目前，很少有制造商能生产出入口控制系统中的全部产品，这就形成各制造商的分工，它们的分工是按产品的分类进行的。系统的主要产品有门口机、系统控制器、系统软件、读卡器、卡类、锁具等。这样的产品分类不仅表现了出入口控制系统技术的特点，也反映了安防行业的分工状态。

（一）门口机

门口机是前端控制器的简称，因为它主要安装在所控制的门边。通常按其可以控制的门（出入口）的数量，分为单门机、两门机、四门机和多门机。

前置型系统主要是采用单门机，它的功能比较简单，主要是缺少与系统控制器的通信。通常是与读卡器（特征识别装置）和锁定机构合为一体，如宾馆常用的IC卡门锁。

在网络型系统中，两门机与四门机的应用较多，单门机少一些，四门以上的多门机很少应用。它的通信单元使其具有上传信息和接收系统控制信息的功能，使得出入口控制系统的功能更加丰富，系统的功能设置（安全区域的划分、联动功能和关系等）、系统的授权和变更变得更加方便、灵活，是高档、大型、高安全要求系统的选择。

网络型系统的门口机一般具有读卡器（特征识别装置）接口，外接相应的读卡器。特别是多门机，它可以方便地实现和控制门之间的联动和防反传、防越区、防跟随。

1. 门口机的类型。出入口控制系统硬件结构的差别主要来自门口机和锁定机构，从门口机与出入口（门）的关系可分为单出入口（门）控制型和多出入口（门）控制型。

（1）单出入口（门）控制型。这是指一个前端控制器只管理和控制一个出入口（门）的方式（并不是系统只控制一个出入口）。

通常将特征识别与出入口的控制单元集为一体，或者将锁定机构也集为一体，即单门机。单门机可以采用一种或者两种以上的特征识别手段，也可以控制一种或两种以上锁定机构，实现同一认证和双人双锁控制等功能。

（2）多出入口（门）控制型。一个前端控制器同时对两个以上出入口实行管理控制的系统，使用的设备称为多门机。

通常的结构是一个控制器具有多个独立的特征读取装置，同时处理来自不同出入口的出入请求，分别控制各个出入口的锁定机构。

多出入口（门）控制型的控制器由于要同时进行多个请求的鉴权和锁定机构的控制。因此，数据处理能力要比单门机强，但这并不意味着系统可以实现的功能比单门机多。

2. 门口机的结构。根据特征读取与数据处理和控制单元的结构，前端控制器有一体型和分体型两种。

（1）一体型。前端控制器的特征读取与数据处理、控制等各个组成部分，通过内在连线组合在一个机箱内，构成一个独立的设备，实现出入口控制的所有功能。前置型系统的门口机主要是这种方式。有些一体机还包括锁定机构，如宾馆的IC卡门锁。

（2）分体型。前端控制器的各个组成部分在结构上是独立的，它们之间通过电缆连接，按规定的协议进行数据交换，来实现出入口控制的各种功能。通常，分体机是将读卡器与门口机分置，这样，门口机可以安装在前端的受控区内，只有特征读取设备安装在出入口现场。

显然，多门机是分体式结构，其所控的各出入口之间可有一定的距离。

3. 典型的前端控制器。下面以典型的单门控制型门口机为例，说明门口机的基本功能、主要技术指标和电路原理。

（1）基本功能和主要技术指标：

1）可识别4000张卡，256个群组；

2）可设置64个时段，16384种出入时段控制方式；

3）通过与系统控制器管理模块的链接（数据交换），可实现超容量（最多42亿张卡）的动态管理；

4）可设置特征卡的功能和安全级别，如VIP卡、超级卡、普通卡、通卡、巡更卡等；

5）可设置特征卡的有效期及使用次数，并能根据管理要求禁止某张特征卡的使用；

6）同时支持单机与联网模式，具有8000条事件保持能力；

7）可接带密码键盘的读卡器，对持卡人进行双重认证；

8）具有密码防胁迫报警功能；

9）可设定为读卡器直通方式，进行特征卡的数据写入；

10）可通过网络遥控开锁；

11）可编程设置开启时间长短或长开方式；

12）数据处理单元收到特征读取装置发送的一组完整信息后应在0.8s内完成判定，发出相关的控制指令，这项指标可认为是系统的响应。

（2）电路原理。

1）主电源：DC15V/2.5A。

2）辅助电源：（备用电池）12V/7Ah。

3）工作电流：典型30mA（空载）。

4）最大电流：2A（带读卡器及电控锁）。

（二）系统控制器

系统控制器是网络型出入口系统的中心设备。在大型综合系统中是管理层与控制层的连接设备，通常利用TCP/IP实现管理层的集成，通过RS－485总线与门口机连接。出入口系统控制器的这种结构和功能与建筑智能化的系统控制器是相同的，因此，建筑环境监控系统都具有与出入口系统集成的功能。

（三）系统软件

系统软件是网络型系统的重要产品。出入口控制系统的高级功能（基本功能是门的开、闭控制）主要是由软件实现的，包括系统的联动、与其他技术系统的技术集成和资源共享、功能的扩展和升级、系统控制点（门）的调整和控制容量的扩充、系统数据库的管理和自动备份、系统的远程管理和升级、系统的布防/撤防和系统开放的协议等。系统软件也是实现门禁系统人机交互界面友好、操作平台简便、可靠的关键。

可以说，系统软件的技术水平是划分出入口系统的高档产品与中低档产品的分界线。目前，国内产品仍是弱项，国外产品在市场竞争中主要是靠软件的优势取胜。

随着出入口系统技术的升级，系统软件需求的增长强劲，市场空间变得越来越宽，这也为国内厂家提供了发展机遇。

（四）读卡器

读卡器是读取装置的代名词，不仅包括卡式特征载体的读取装置，还包括其他的特征读取装置。这里主要是指仅完成特征信息的采集（读取）或完成采集和识别。如指纹机可以进行指纹的识别，而指纹头仅能进行指纹的采集，要与控制器（PC）

连接才能完成识别功能。读卡器是一种通用产品，标准的接口可与各种控制器连接使用。

显然，读卡器与特征载体相对应，所要读取的特征载体不同，工作原理也不同。可靠、准确地采集特征信息是它的基本功能，因此，作为一种机电、光电设备，首先要建立与特征载体的规定关系（位置、物理和电气）。例如，读卡器利用对卡的限位来建立规定的关系，接触式 IC 卡与读卡器进行电气连接；生物识别装置因不便确定这样严格的关系，影响了系统的友好性（非侵犯性），成为限制其应用的一个主要因素；RFID 卡的读卡器不要求卡与其实现严格的物理接触，使用方便。

读卡器对特征卡的识读主要是通过编码识别方式进行，如从条码卡、磁条卡、IC 卡（感应卡）上读取编码信息；物品编码识别系统通过编码识别装置，提取附着在目标物品上的编码载体所含的编码信息。常见的有应用于超市的电子防盗系统（EAS），通过编码键盘输入规定的编码，也是一种读取方式，常用设备有普通编码键盘、乱序编码键盘等。这些产品都属于编码识别设备，应用较多的产品主要有以下几种：

1. 密码键盘。这是指通过输入密码的方式来鉴别人员身份的装置。特点是简单、不需要特征卡、受电磁干扰影响小。但普通密码键盘容易被窥视，泄露密码，保密性和安全性差，系统可管理和授权对象也比较少（乱序密码键盘的按键排列随机变化，因此，密码不易被窥视，保密性、安全性较高。可应用于高安全要求的场所）。

密码键盘另一个主要应用是特征识别系统的同一性认证，即将其与某种特征识别技术结合起来，进行双重认证，是高安全要求系统的常用方式，如银行卡。

密码键盘适宜在室内应用，如室外安装要注意防雨、防尘土。

2. 磁卡读卡器。磁卡上的信息存储在卡片的磁条中，读卡器的磁头要与磁条发生接触，并产生相对运动才能进行读写，这就是“刷卡”。磁卡上的信息很容易被复制、丢失，保密性不高。因此，系统一般仅在卡中存储身份代码，数据则放在后台，如银行卡。它的特点是制作简单、成本低。

3. 条码阅读器。由操作员使用，通过光电扫描阅读粘贴在物品上的条形码。因此，在阅读过程中不要求阅读器与条形码有严格的位置关系。对于一次性的应用很方便、价廉，但条形码本身易被复制、易损坏。

超市的计费和货品防盗主要采用条码技术。停车场对非临时车辆的出入也可采用条码管理。

4. 接触式 IC 卡读卡器。通过卡与读卡器的限位机构，使卡上的电极与读卡器实现电路连接，进行数据交换。其特点是系统安全性高，不易受电磁干扰，使用方便，但卡易被磨损。

主要应用于室内人员出入口管理，如宾馆、会议中心等。

5. 非接触式 IC 卡读卡器。这是指通过电磁耦合和射频通信来实现卡与读卡器间的数据交换。其特点是系统安全性较高，卡片携带方便，不易被磨损，有较高的防水、防尘能力。非接触的工作方式系统友好、方便各种应用。非接触 IC 卡读卡器的工作频率不同，读卡距离也不同，主要有：近距离读卡器（读卡距离 <50cm），适合人员通道；远距离读卡器（读卡距离 >50cm），适合车辆出入口。

还有一些识读是通过提取出入目标身份等信息，然后再将其转换为一定的数据格式的方式，如指纹识别、掌形识别、眼底纹识别、虹膜识别、面部识别、语音特征识别、签字识别等生物特征识别技术的各种读取装置都是如此。

（五）卡类产品

特征卡是主要的特征载体的形式，通常制作成卡片形，也有圆形。它们是可以写入信息（特征）并可读取信息的一种载体，如向 IC 卡写入电信息，向磁卡写入磁信息等。卡类产品在出厂前，要写入初始化信息，以保证在系统中能正确地操作。人们把专业厂生产的卡体称为白卡，是系统用户构成各种出入口控制系统、实现各种应用的基础。主要产品有 RFID 卡、接触式 IC 卡、磁卡、复合卡、信息纽扣、电子标签等。

出入口控制系统采用的最普遍的特征载体是各种特征卡，它与读卡设备一起构成了系统最重要的部分。各种特征卡应用的过程就是出入口控制系统发展的过程。新型特征卡和读取装置的应用是系统的发展方向。下面介绍几种常见的特征卡及其相配套的读卡设备，重点是 IC 卡及工作原理的介绍。

1. 条码卡。将黑白相间组成的一维或二维条码印刷在 PVC 或纸制卡基上就构成了条码卡，条码卡可由持卡人携带，也可贴在各种物品上。其优点是成本低廉，缺点是条码易被复印机等设备轻易复制，所以不宜用于安全要求高的场合。目前条码主要用于物流管理方面，如超市的商品库存、计价等。安防出入口控制系统较少采用。

光电扫描器是读取条码信息量的主要方法，不需要卡与扫描器接触，但两者之间必须是直视的。条码的变形、污损以及光电扫描器与条码的角度是产生误读的主要原因。显然，条码卡一次加工成形后，信息是不能改变的。

2. 磁（条）卡。将磁条粘贴在 PVC 卡基上就构成磁条卡，由于磁条（磁介质）具有存储信息的功能，因此，磁卡可以方便地写入和读出一定量的信息（视磁条的长度而定）。其优点是制作成本较低，缺点是存储信息可能被复制、篡改或被消磁和污损。磁卡的读写设备是一种电磁转换装置，通过磁头与磁条的接触及两者之间的相对运动完成电信息的写入（电磁转换）或磁条上存储信息的读出（磁电转换）。读卡机磁头的磨损、磁卡的消磁和污损是产生信息读写错误的主要原因，磁卡与磁头的相对速度对信息的读写也有很大的关系，有些读卡器通过机械传动的方式使磁条按规定的速度通过磁头，从而可以实现良好的信息转换。有些设备则是由人为滑动磁卡与磁头接触，由于两者间的相对速度会有很大差异，因此，可读写电信息的频率较低，磁卡存储的数据量较小。

磁卡的应用有两种方式，一是把磁卡作为特征载体和数据存储单元的集成通过对磁卡上信息的读取和识别，判定其请求的合法性，如地铁的收费系统，每次操作对卡内现存金额进行的确认和修改。二是通过对磁卡信息的读取，仅进行持卡人的身份认证，持卡人的请求在确认身份后，由后台数据库进行处理，如银行卡，持卡人的存款数量并不保存在磁卡中。

磁卡主要用于物流管理和用作金融卡，由于它对使用环境要求较高，且安全性较差，高安全性要求的出入口系统采用得不多。为提高系统的安全，磁卡常与密码键盘一起使用。

3. 韦根卡（Wiegand Card）。韦根卡曾经是国外非常流行的一种特征卡，它是用特殊的方法在卡片中间嵌入极细的金属线，并按一定的规则排列（编码），因此也称铁码卡。由于它是一种物理结构的卡，防磁、防水、环境适应性较强。当卡片本身遭破坏后，金属线排列也被破坏，仿制比较困难，但利用读卡机将卡上信息读出，还是可以反过来制造一张相同的卡，因此，其安全性较差，同时，卡上信息不能修改，也限制了它的应用，所以许多系统都是将它与磁卡复合。

韦根卡的读卡器及操作方法与磁卡基本相同，但工作原理差别很大。目前，出于安全目的的出入口系统应用韦根卡的不多，但是“韦根”这个词在出入口控制系统中已有了特别的含义：

（1）特定的读卡器与特征卡的接口；

（2）特定的读卡器与门口机（前端控制器）间的接口；

（3）标准的数据格式，如 26bit 二进制数据格式。

实际上，它已成为一种通信协议和数据格式的代名词。许多特征卡读卡器与控制器间都采用韦根方式连接，这些读卡器也称韦根读卡器。接口除数据格式外，还包括物理接口，韦根接口是由三线组成的，包括数据 0（通常为绿线）、数据 1（通常为白线）和 DATA RETURN（通常为黑线）。目前许多读卡器都提供韦根接口，传送韦根数据（信号）。

4. IC 卡。IC 卡是目前出入口系统应用最普遍的，也是发展前景最好的特征载体，同时，IC 卡系统本身的安全设计是非常有特点的。

（1）IC 卡的分类。IC 卡是一种包含集成电路的特征卡，通常是一个数据存储系统，有时也具有附加的计算能力。与其他方式的特征载体相比，在存储数据密度、抗干扰能力、数据安全性及与用户的友好性等方面有明显的优势，特别是非接触式 IC 卡，因此得到了广泛的应用，特别是在安全防范领域。

1）IC 卡根据其内部结构和可以实现的功能分为两种基本类型：存储卡和 CPU 卡。

①存储卡。内置的 IC 芯片只具有数据存储和读出功能，其数据的操作由内置时的逻辑电路来控制，也可能集成一些简单的安全算法，通过数据流密码实现数据的加密，以提高系统的安全性。存储卡可在初始化时写入长期保存的信息，也可通过读写器修改和写入新的信息。它的最大特点是价格便宜、可靠性高，适用于有安全性要求的公共服务性系统，如电话卡、电卡、公共交通卡等城市公共事业。

②CPU 卡。内置的 IC 芯片集成 CPU 及分段存储器（ROM 段、RAM 段、EEPROM 段），在制造过程中，通过掩模编程将操作系统（Chip Operating System）固化在 ROM 中，实质上是个微型计算机。专用的应用程序是在 IC 卡生产后才装入 EEPROM 中的，由操作系统进行初始化。

IC 卡操作系统能够把各种应用集成在一张卡里，在 CPU 的控制下进行数据处理和存储，功能非常丰富，应用十分灵活，故称为智能卡。读卡器对 IC 卡的操作要经过 COS 进行身份认证，数据传输有完善的加密处理，安全性极高，适用于各种高安全要求的领域，如通信、金融、电子交易、高安全要求的门禁系统和法定证件等，我国第二代身份证采用的就是 CPU 卡。

2）根据信息的读取方式。IC 卡分为接触式卡和非接触式卡。

①接触式 IC 卡。它通过标准的电极与读卡器实现电路连接，进行数据的交换。接触式 IC 卡卡体带有外露的电极，当按规定的方式将卡插入读卡器时，卡体上电极与读卡器的相应电极相接触，实现电路连接。连接的准确性是由读卡器对卡的机械定位精度来保证的。其通过供电极读卡器向卡电路加电，数据则由数据电极进行交换。

接触式 IC 卡的优点是安全性好、可靠性高，已被广泛地应用于宾馆、加油站等场所。由于是接触式连接，操作不当（卡不对位、错方向等）会使系统不能正确工作，系统的友好性差，同时，卡与读卡器的反复接触容易造成电极磨损，必须对设备进行经常维护。

②非接触式 IC 卡，又称射频 IC 卡。它通过电磁场耦合或微波传输来完成数据存储的载体与读卡装置间的数据交换。它们之间发送和接收的无线电频率称为工作频率，工作频率的高低与 IC 卡同读卡器的接近距离有关。通常分低频、高频、超高频三个频段。安防系统中应用最多的是低频卡和高频卡，如在停车场管理系统中应用的 125kHz、134.2kHz 和居民身份证应用的 13.56MHz 产品。

3）从供电方式上 IC 卡，分为无源卡和有源卡。无源卡卡本身没有电池，必须从读卡器中（通过电极接触或电磁感应）获得能量，才能与读卡器进行信息的交换。

①无源感应卡，采用射频识别技术（RFID—Radio Frequency Identification），也称无源射频卡。卡片与读卡器之间的数据采用射频方式传递，卡片的能量来自读卡器的射频辐射场，当卡片靠近读卡器，其感应积累的能量足以使其内部电路工作时，就向读卡器无线传送数据。无源感应卡主要有感应式 ID 卡和可读写的感应式 IC 卡两种形式。感应式 ID 卡在工作时只向读卡器发送卡片本身的 ID 号码；可读写的感应式 IC 卡能在读卡过程中交互读写信息与验证，安全性高。由于无源感应卡的能量获取来自读卡器的射频辐射场，能量较小，因此，读卡距离较近。无源感应卡在识读过程中不需接触读卡器，对粉尘、潮湿等环境的适应性远高于其他接触式卡，使用方便，与用户友好，是目前出入口控制系统的主流产品。

②有源感应卡，因其读卡距离较远，又称遥控卡。它的技术特点与无源感应卡基本相同，由于能量来自卡内的电池，可以发出较强的电磁辐射，因此，读卡距离通常可达 10m 以上，可以在移动过程中完成数据交换，特别适用于公路的快速通关自动计费和机动车识别系统。

通常，有源感应卡的电池是在制作时内置，不能更换，因此电池的寿命就是卡的寿命，一般在 2 ~5 年。这是影响其应用的一个问题。

（2）IC 卡的工作原理。这里主要是介绍常用低频卡、高频卡与读卡器间的数据交换过程，是 IC 卡的基本工作原理。

1）低频卡，以某 125kHz 产品为例说明。读卡器工作时，通过其感应线圈（天线）向周围持续发送 125kHz 的射频电波，空间电磁场的强度与线圈平面的距离变化（越近越强）且与天线（线圈）的极化方向有关。IC 卡内部除了处理和保存信息的电路芯片外，也有一组用于接收能量和发送信息的线圈（电感），它和电容组成一个 LC 回路（谐振频率为 125kHz）。当卡内线圈靠近读卡器线圈，并且极化方向一致时，它将从空间电磁场获得较大的能量，并通过泵电路向卡内的蓄能元件充电。在能量足够时，激发信息处理单元工作，同时调整 LC 回路的电容值，使其谐振在 62.5kHz，IC 卡将信息调制在 62.5kHz 载频，通过天线发送出去。

为保证这种双频双工的方式正常工作，读卡器的接收电路采用特殊的滤波设计，设置在 125kHz 陷波，而将 62.5kHz 设计为最大增益点。

通常，读卡器能接收到 IC 卡发射信息的距离大于 IC 卡可以获得足够能量的距离。因此，这种方式的读卡设备，在两个读卡器距离较近时，可能会出现两个读卡器同时读卡的现象。

低频卡还有一种单频半双工的工作方式，以 134.2kHz 产品为例说明：读卡器工作时，间断地向周围发射 134.2kHz 的射频电波，IC 卡感应的能量足够时，在读卡器发送射频电波的间歇时间向读卡器发送信息，其载频仍是 134.2kHz。这种方式读卡器接收电路大为简化，但容易因两者不同步而不能正常工作。

2）高频卡，以 13.56MHz 产品为例说明。读卡器工作时，向周围发送 13.56MHz 的射频电波，形成一个空间电磁场，同时，读卡器本身可检测这个电磁场的细微变化。当一个谐振频率（由线圈和电容决定）为 13.56MHz 的 IC 卡接近读卡器时，将吸收电磁场的能量，同时也改变电磁场。因此，IC 卡发送信息，并不需要发射射频信号，只需根据其信息编码的时序，将其调制后，控制谐振回路通断变化来改变对电磁场能量的吸收，从而引起电磁场的变化。读卡器检测这个变化，解调，得到 IC 卡发出的信息。这种工作方式 IC 卡不发射射频信号，受读卡器接收灵敏度限制，读卡距离很近，故称密耦合方式。另外，由于工作频率较高，单位时间内传送的数据量大（比较低频卡而言），有利于实现多种双向认证、读写、加密、防冲撞（可依次读取同时进入感应区域的多张卡）等操作。有关智能感应卡的国际标准（ISO/IEC14443）和 RFID 标准（ISO/IEC15693）已将 13.56MHz 作为标准工作频率。

高频卡与读卡器交换数据时，由于两者相距很近，可以认为不是通过无线传送，而是通过电路连接，两者的线圈就像一个高频耦合变压器的初、次级，因此，这种工作方式的 IC 卡又称为耦合卡。

3）遥控卡。超高频卡大多以遥控方式工作，卡与读卡器之间的数据交换是无线通信。显然，由于通信距离较远，卡和读卡器都不能处于连续向空间辐射电磁波的状态。因此，要有探测装置来判定特征卡是否到达了识读区域，如用环路探测器（地磁线圈）探测车辆的出现，然后读卡器向空间发出电磁辐射，这个电磁辐射将卡激活（无源卡获得足够的能量），再与读卡器进行数据交换。

最后要明确一个概念，就是经常被人们等同的非接触 IC 卡与 RFID 卡的差别是什么。应该说：首先，RFID 卡是一种非接触式 IC 卡，然后它在出厂时一次写入不可更改的卡号，卡号可以是唯一的，成为卡的基本特征，ID（Identification）卡这个名称就是由此而来的。同时，RFID 卡的数据存储容量要比 IC 卡小。由于上述原因，两者适宜于不同的应用。

IC 卡可以将大量的数据存储在卡中，并可反复读写，但每次使用（数据交换）时都必须进行安全认证（加密），才能保证其安全性。适用于与消费有关的应用。

RFID 卡，可把大量的数据（用户身份、授权、资源等）保存在系统后台数据库中，读卡只是进行身份认证，适合于由系统（软件）授权的出入口控制系统。

（3）IC 卡应用系统的安全管理。IC 卡应用系统的安全十分重要，主要是因为：这些系统通常涉及资源的管理、货币的支付和各种交易，是犯罪分子攻击的新目标，且风险很高，受到攻击后可能造成的损失较大；再有，系统通常是开放性的，管理起来难度很大，非常容易受到攻击；IC 卡被伪造、变造等事件发生的概率不高，但发放量大，一旦出现被伪造、变造后果很严重。正是由于这些原因，针对 IC 卡应用系统的计算机犯罪、网络犯罪已成为一种新的盗窃、破坏手段，这种入侵行为技术含量较高，较为隐蔽，不易发现。因此，各种系统在构建的同时就进行了完善的安全规划。

在选择 RFID 系统时，密码功能是十分重要的，对于没有安全要求的系统，引入密码会增加不必要的费用，在高安全要求的系统中，省略了密码将会导致系统严重的漏洞，可以说，没有安全措施的系统就没有应用价值。IC 卡主要采用的安全措施有：

1）对称的鉴别。数据载体与阅读器双方的通信中互相检验对方的密码。在这个过程中双方使用共同的密钥 K 和共同的密码算法。

2）导出密钥的鉴别。上述方法的缺点是，同一应用系统的所有数据载体都采用相同的密钥 K。大量的数据载体的使用，会使小概率的破解成为可能。一旦发生密码破解事件，整个系统将被控制或失效。为此应该对各个数据载体采用不同的密钥来保护。在数据载体生产过程中，读出客观存在的序列号（识别号），用加密算法和主控密钥 KM 算出密钥 KX（导出密钥），数据载体这样进行初始化，每个数据载体由此接受了一个与自己的识别号和主控密钥相关的密钥。利用这个密钥进行双方的鉴别，具有很高的安全性。

鉴别时，先在阅读器中特殊的安全模块（SAM）中使用主控密钥计算出数据载体的专用密钥，再启动鉴别过程。SAM 本身就是带有加密处理器的接触式 IC 卡。

3）数据传输的加密。数据加密可以防止主动和被动的攻击。将传输的数据（明文）在传输前改变就是加密，而这种改变要按相同的模式进行，传输数据（明文）被密钥 K 和加密算法变为秘密数据（密文），不知道加密算法和 K 就无法从密文中解释出传输数据。在接收中，使用密钥 K 和加密算法可以将密文还原为原来的形式（明文）。如果 K = K，或者相互间是直接的关系，称为对称加密。如果关于 K 的知识与解密处理无关，就是非对称加密，一般 IC 卡采用对称加密法。

（4）IC 卡的应用。IC 卡是安防出入口控制系统主要采用的特征载体，但它的真正广阔的应用是在公共事业管理、电子交易、开放性公共服务系统中。目前，低频卡主要应用于人员出入口和停车场管理系统中，13.56MHz 的 IC 卡已被广泛应用于出入口控制系统、公交地铁系统、银行系统及其他公共管理领域中。公路交通更是把快速通关的实现寄予在遥控卡的应用上。除此之外，IC 卡的重要应用领域还有：

1）身份证。我国第二代居民身份证采用了非接触式 IC 卡方式，其中的安全管理采用了高保密的安全模块 SAM。由于 IC 卡的应用，身份证已不是一个简单的证件，而是一个可以通过识读设备来鉴别真伪、读取个人信息，并进行网络化管理的人口信息系统的数据载体。除身份证外，还有许多法定证件如驾驶证、公民护照等都已开始或准备采用非接触式 IC 卡作为数据载体。

2）移动通信系统。移动通信系统安全认证是保证其可靠运行和安全收费的关键技术。它是通过G手机中的SIM卡来实现的，SIM卡就是一种IC卡。其他一些开放的服务网络也都应用IC卡技术来进行安全和计费管理，如正在开播的数字电视系统。

3）一卡通。其是综合的特征识别系统，通过IC卡实现授权、鉴权，消费、结算，信息管理等多种功能，从而将物理与虚拟空间的防范、安全与工作（生活）融于一体。目前，我国已有多种一卡通在运用。

（六）锁具类产品

各种机构锁具、电锁、门类、闭门器、拨杆、挡车杆和各种通道型装置是出入口控制系统的重要组成部分，是系统保障安全性（抗冲击能力）的主要因素，也是系统友好性、保证系统与环境协调的重要因素。它们主要是机构类产品，是与工程结合最紧密的部分。电锁包括电控锁和电（磁）力锁，是最常用的锁定机构，常见的有磁力锁、阳极锁、阴极锁及电控锁。

1. 磁力锁。磁力锁是依靠电磁力直接将电磁锁体和配套软铁吸合在一起的锁具。其构造简单，无滑动或转动磨损件。磁力锁为加电闭锁、断电开启的工作模式，闭锁时的电流一般在500mA ~ 800mA。通常用吸合力来划分其性能，主要产品规格有250kg、280kg等。

2. 阳极锁。阳极锁是依靠电磁力将锁舌推出，使其插入配套锁片中实现闭锁的锁具。该锁具附有锁片检测装置，当闭锁信号给出时，若没检测到锁片到位（门没有关闭到位）信号，锁舌不会伸出，直至锁片到位才伸出锁舌，完成闭锁工作。该锁为加电闭锁、断电开启模式，闭锁时的电流一般在300mA ~ 1.2A。

3. 阴极锁。阴极锁不用电磁力直接拉动锁舌，而是推动一个推杆来控制闭锁单元。阴极锁在锁闭时，弹簧将锁舌定位，开锁时，磁力推杆打开闭锁单元，闭锁单元在阴极锁配套的锁舌推动下推开，实现开锁，若推杆未打开闭锁单元，门锁不能被打开。阴极锁通常采用加电开启、断电闭锁模式，也有加电闭锁、断电开启的产品，工作时的电流一般在100mA ~ 200mA。

4. 电控锁。电控锁通过电动装置来控制闭锁机构。当电控锁在电磁力的作用下开启时才可以开启锁舌，因此可以说，电控锁是机械锁加电控单元。这种电控锁耗电量很小，可以用电池供电，宾馆的门锁大多是电控锁。

项目二　出入口控制系统的应用

一、出入口控制系统的评价

出入口控制系统的评价有两个方面：一方面是对系统设备的评价，主要是在实验室环境下进行的各种技术指标的测量；另一方面是对实用系统的评价，主要是对系统达到的效果的评价。

（一）出入口设备的主要技术指标

对特征识别设备技术指标进行测量要在特征载体与读取装置匹配的条件下共同完

成，因此，许多具体的技术指标是两者共有或必须在两者匹配时才能测量。

1. 密钥量。密钥量是载体可生成（可分辨）特征的数量，它不仅与特征载体本身的特性有关，还与读取装置可以识别特征的差异有关。若把特征分解为是由 T 个元素组成，每个元素可以分辨的差别为 S 系统的密钥量就为 S^T。

一把钥匙，它的齿数和每个齿的高低阶数可以形成的齿形的数量就是锁的密钥量。如钥匙由 5 个齿组成，每个齿有 5 个阶（级差）的机械锁，它的密钥量即是 5^5。

编码方式特征卡的密钥量由表示特征的数据长度决定，如用 8 位二进制数字表示特征，它的密钥量是 2^8。IC 卡数据格式的设定可以有很大的密钥量，ID 的可发卡号数就是 ID 卡的密钥量。

人的生物特征系统可以根据安全性要求选取多个元素来组成特征，每个元素可分辨的差异也可以很多，因此，具有极大的密钥量。

特征载体的密钥量越大，应用系统的容量就越大，同时，安全性也越高，因为它被破译的可能性或被仿制的可能性越小。

2. 误识率与误拒率。

（1）误识率。这是指将未授权特征卡信息（如 ID）错读为授权卡信息（一个或多个）的概率。显然是读取装置的技术性能，但与特征卡有密切的关系，是反映两者间正确交换数据的能力。测试方法不同，可以得出不同的测量结果。如设定一个读取装置可以确认多个特征载体的请求，或者只能确认一个特征载体的请求，就会得出不同的测试结果。因为，前者把读取装置将某数据（特征）错读为多个可确认的数据（特征）都视为误识；而后者仅把错读一个确认特征视为误识。测量还可以选择多个读取装置独立进行，然后进行统计，产生结果。机械锁的互开率试验就是这样的测量。

对读取装置误识率的测试应在实验室中进行，通常不考虑特征载体与读取装置物理关系（接触不良、不到位及表面污损等）的因素。主要测量两者间进行相应变换（电磁、光电、解码等）时发生的数据错误，是设备本质性能的测量。

（2）误拒率。这是指将授权卡信息错读为未授权卡信息的概率。与误识率相同，误拒率也是反映特征载体与读取装置间正确交换数据的能力，但它是从另一角度进行的评价。如果说误识会影响系统的安全性，使非法请求得到允许；误拒则不会影响系统的安全性，但它会将合法的请求拒绝，会降低系统的通过率和友好性。

误拒率的测量可以与误识率的测量一起进行。一个试验，从不同的角度统计结果，因此，要注意的问题也是相同的。特别要注意不能把应该确认的请求计为误识，把应该拒绝的请求计为误拒。分别进行这两个测试时不会有这个问题，如测试误识率时，不会使用应确认的卡。

这两个指标都是设备可靠性指标的一部分，要有足够的样本量和做大量的试验才能保证测量结果较高的确定度，并且，要有高精度的装置来保证每次操作的有效性，以排除上述的干扰因素并提高测量工作的效率。这两个指标与密钥量也有一定的关系，密钥量大的系统，这两个指标也会较高。人们经常碰到锁被别的钥匙打开的情况或钥匙不好用开不了锁的情况，就是实际应用时误识率和误拒率的表现。

有些系统的误识率和误拒率可以通过理论分析、计算得出，很难进行实际测量，如密码键盘。各种产品的说明书应给出这些指标，并说明测量方法。

3. 响应时间。这是指出入口控制器（门口机）完成一次鉴权（确认或拒绝）需要的时间。通常是指从特征载体输入读取装置开始，到输出识别结果为止的时间。许多系统响应是即时的，如机械锁，一般的读卡器的响应时间很短，以至于可以忽略不计。但有些系统的响应时间较长，如生物特征识别装置。对于系统的通过率和实用性，这个指标很重要。

4. 计时精度。时间是出入口控制系统鉴权的重要内容，特别是分区、分级管理的系统，它关系到各控制点的时间顺序。因此，出入口控制设备要设有时钟和时间校准功能，计时精度是重要的指标。单机型系统的设备要有独立的时钟及校时功能，网络型系统的设备应运行在统一的时钟下，各单元能够进行自动的校时。

出入口控制系统与其他安防系统集成时，计时精度是一个重要的因素，如果系统记录的时间与相关图像显示的时间不一致，两个信息就没有证据价值。

5. 安全性。出入口控制系统设备的安全性涉及两个方面，一方面是上面提到的防止被破译、被仿制的能力，主要是针对读卡器、控制器等电气类产品；另一方面是抗机械力破坏的能力，主要是针对锁定机构等机械类产品。

设备要求具有防止特征载体被复制、仿制和防止在数据传输过程中被窃取或篡改的功能，除了与密钥量有关外，还与系统的加密方式及密钥的长度有关。因此，门口机应明确规定读取单元与数据处理单元间以及其与系统控制器通信的加密方式和密钥长度。

出入口控制系统中，锁定机构的安全性主要用抗冲击强度来表示，所谓抗冲击强度即是抗拒机械力破坏的能力。一般有两种评价方法：一种是在其不被破坏至失去功能时可以承受的最大外力，如挡车杆、闸机、阻车桩等的抗冲击测量；另一种是采用规定的方法、工具将机构开启所需要的时间，如安全门和锁具的安全性试验。

6. 信息存储能力。出入口控制设备应具有一定的信息存储能力，单机型控制器要能记录规定条数的出入信息，网络型系统则应具有工作日志的功能，包括出入信息、事件信息、操作信息及系统状态（设置、故障等）信息的记录。通常用可记录信息的时间来度量。

以上技术指标反映了设备的基本性能和质量水平，应在实验室条件下，对具体设备单独进行测试。

（二）出入口控制系统的评价指标

对出入口控制系统的评价是指在应用环境下对系统总体效果的测试。其中许多指标与本章其他部分介绍的相同，但测试结果反映的问题不同。有些指标可在现场进行客观测量，有些只能进行主观性的功能检查。出入口控制系统评价的主要内容有：

1. 通过率。这是指每个出入口单位时间的最大通过量。它反映系统的实用性。该指标主要是针对高频次使用的通过式系统，如考勤、公交收费等。

通过率主要由系统的锁定方式来决定，高安全性系统也与特征识别的响应时间有关。多出入口系统的通过率是各个出入口通过率的和。该指标有时与系统的安全性相矛盾，设计时要做出合理的折中，在公共活动区要首先保证足够的通过率，要求低误拒率；在要害部位则要注意系统的安全性，要求低误识率。

2. 系统容量。系统可以发放或识别特征载体（IC卡）和可以控制出入口（门）的数量。显然，前置型系统没有这个指标。大家可能认为系统的容量与特征载体的密钥量有关，其实大多数场合不是这样的。通常，特征卡的密钥量是足够的，或是系统并不要求很高的密钥量。影响系统容量的关键因素是，控制处理每次识别的时间（响应）系统控制器并行处理多个事件的能力。

3. 误识率与误拒率。对于实用的出入口控制系统，误识率和误拒率可用下面的定义：

误识率——系统对非法请示予以允许的概率。

误拒率——系统对合法请示予以拒绝的概率。

这两个定义与读卡器的相关定义是有差别的，它除了与读卡器的指标（系统本质的性能）有关外，还与应用环境和使用者的配合程度有关，如环境的电磁干扰、设备的相互干扰，卡不到位、卡受损等情况。

在系统应用环境下进行这些指标的测试很困难，可在较长时间的使用中进行数据的统计，以得出相对可信的结果。

4. 反应方式。这是指系统对非法请求的反应方式。出入口控制系统根据安全要求对非法请求采用不同的反应方式，主要有：

（1）拒绝。系统拒绝非法请求，但不做任何反应。对于一般安全要求的系统大多采用这种方式。它把非法请求视为不当操作，系统也允许反复的操作。前置型系统通常采用这种方式，如宾馆的门控制系统。

（2）报警。系统拒绝非法请求，并产生报警。报警方式可以是多样的，如发出声光提示；记录非法请求的特征卡（假卡、错卡、废卡等）、地点、时间及次数等信息。具有报警功能的系统主要是网络型系统。

（3）启动联动机构。联动机构是指系统的附加安全措施，不包括系统的锁定机构。某些高安全性要求的场所，当出现非法请求后，将采用其他手段对请求者进行适当的控制，为人员的反应提供足够的时间。这种方式要求控制器有相应的输出接口。目前，这种系统应用多起来了，如要人访客、某些重要部位均采取适当的失能手段等。

5. 安全性。系统的安全性主要从系统抗技术破坏能力和抗暴力破坏能力两个方面来评价：

（1）抗技术破坏能力。抗技术破坏能力，是指涉及系统的密钥量、数据和信息的加密，系统的安全管理等方面。

（2）抗暴力破坏能力。抗暴力破坏能力又称抗冲击强度，主要涉及出入口系统中的机械产品和结构件的强度。

由于该指标涉及系统的不同部分（识读、管理、控制和锁定），评价方法差异很大（电气、机械），而且，直接影响使用者对系统的信心和认识。所以，在出入口系统的相关技术标准中，对此做了专门的规定。从外壳防护能力、保密性、防破坏能力和防技术开启能力几个方面，划分了防护等级，并提出了具体要求。

6. 友好性。友好性包括系统与人的友好性和与环境的协调性。

出入口控制系统提倡采用非侵犯的工作方式，使人在进行识别和通过出入口时，方便、顺畅，没有胁迫感。人通过出入口时与系统有两个交互界面，一是特征读取的过程；二是出入口开启/锁闭的过程。要求读卡操作简单、快捷、可靠，锁定机构的开启和锁闭自如、无紧迫感。

设备外观及安装方式要与环境协调，不影响环境美。出入口设备主要安装在建筑主要的公共部位，因此，要与建筑环境融为一体，让人感到自然、和谐。

公共服务系统的出入口的通过率也是友好性的表现。出入口系统要由控制对象与系统配合才能正常工作，如果没有友好性，各种麻烦一定会很多。有些生物特征识别系统不要求人做强迫性的操作，因此得到广泛的应用。

7. 信息的存储能力。出入口控制系统具有的信息存储能力，是系统重要的技术指标，包括可记录的信息和查询方式。高安全性的系统除能保存各授权对象的信息外，还能保存各种系统操作信息，如操作员授权信息、事件信息等。事件信息包括时间、目标、位置、行为等。

对于联网型出入口控制系统，信息不仅保存在出入口管理主机（系统控制器）中，还应在前端控制器（门口机）中保存所对应的控制对象的授权信息及出入事件、报警等信息。

有关标准规定，前端控制设备中的每个出入口记录总数：A 级不小于 32 条，B 级、C 级不小于 1000 条。系统主机的事件存储载体，应至少能存储不少于 180 条的事件记录，存储的信息要保持新鲜。经授权的操作（管理）员可对授权范围内的事件记录、存储于系统相关载体中的事件信息进行检索、阅读和/或打印生成报表。

与视频安防监控系统联动的出入口控制系统，应能记录事件发生时相关的图像，并能在事件查询时回放这些图像。

以上是出入口控制系统的主要评价指标，其中有些可以进行客观测量，大多是功能性检查和主观评价，因此，专家的知识和经验对评价结果的科学性和准确性有重要的影响。

二、出入口控制系统在应用中应注意的问题及发展趋势

出入口控制系统在应用中出现过许多问题，解决这些问题的过程就是出入口技术发展的过程。任何技术和产品都有它的适应性和局限性，不可能满足用户所有的要求，因此，合理地选择和折中是出入口系统设计的要点。

（一）出入口控制系统在应用中应注意的问题

1. 安全性与通用性的矛盾。安防系统出入口控制主要是进行人流和物流的管理，用于防盗、防破坏等，因此，系统的安全性，特别是自身的防破坏能力是重要的指标。但出入口管理又要与日常的管理结合在一起，保证系统的通畅，往往会出现矛盾。系统设置不当，通过率不足，会影响日常的工作。所以，高安全要求的出入口管理系统最好单独设置，不与其他功能集成在一起。特别在进行一卡通系统设计时，不要把高安全要求的功能包括在内。

2. 友好性与可靠性的矛盾。友好性主要表现在使用者与系统的配合方面，主要是在特征读取的过程中。系统如果让使用者感觉受到强制，会发出抱怨，不配合系统工

作，如不当地输入特征卡，对锁定机构进行阻挡等；若没有规范性的动作要求，系统则不能正常地进行特征识别，系统的可靠性就会大大降低。要求设计者通过合理的设备和设施进行配置和布局，使人既能自觉地产生规范的行为，又没有强迫感。如通道的设计，锁定机构启闭过程的缓冲设计等。

3. 系统安全性与系统安全功能的关系。出入口系统自身的安全与系统的安全功能（防范的功能）有一定的关系，但并不完全是一回事。有些系统锁定机构被破坏，直接会导致防范功能的下降，有些则影响不大。因此，在设计时，要具体问题具体分析，不要一味地提高出入口系统的安全要求，如密钥量、防破坏能力等，因为这样会降低系统的通用性。

4. 统一的接口标准和统一的通信协议。目前，各种出入口设备是可以互换的，但系统型设备间的通信协议和加密方式还没有统一的标准。系统的管理软件和人机交互界面，各公司产品的差别很大，没有互换性。要求在系统设计时，要充分考虑设备间的匹配、系统的升级及与其他系统的集成等因素，同时也希望标准化工作者能尽早地制定出相关的标准。

（二）生物特征识别技术

生物特征识别技术是以生物统计学为基础，集图像、计算机、传感技术的最新成果，在数字技术的基础上发展起来的一门新兴的技术。由于它有个体身份认证方面的优势，成为安全技术关注的热点，也成为出入口控制技术的主要研究方向。

1. 生物特征的概念。生物特征是指人（动物）自身具有的、个性差异的表征，它具有极高的唯一性（极大的密钥量），并且具有与持有者的同一性。因此，把它作为特征（载体）构成的出入控制（特征识别）系统具有极高的安全性，是个体身份认证最准确的和最有效的手段。

目前普遍采用的生物特征主要有指纹、掌形、视网膜/虹膜、声纹、面相、行态及DNA等。其中有些特征，如指纹、DNA等是与生俱来的，几乎是唯一的，可以作为人的终身标志。有些特征，如面相、行态等，则在一定时间保持很高的稳定性，不同人之间的个性差异很大，作为个体识别具有很高的准确性。

目前，指纹、掌形、DNA识别技术已较成熟，应用也很普遍，指纹识别已完成了由目视解释到机器解释的转变。面相、行态等识别技术由于受环境的限制，距离实用还有一定的过程。

生物特征识别技术以生物统计学为基础，主要表现为通过对人的特征的统计和分析，证明生物特征的唯一性、稳定性及应用于个体识别的高安全性。通过统计分析，确定描述生物特征的方法及能够表现个性差异的特征点，确定实现识别的方法和技术方向。在识别技术中应用统计技术来判定结果。无论是采用定义识别技术还是模式识别技术，都是要找出有限量的特征点，并把它量化，然后将其与模板进行比对，给出判别的结果，这要涉及传感、成像、图像处理等，但最后的判定要以统计学为基础。特征识别（分类、解释）的方法基本上分为统计方法和结构分析两类，前者是以数学决策理论为基础，建立统计学的识别模型，指纹、掌形的识别多采用这种方法，其特点是稳定。后者则主要是分析图像的结构，它充分地发挥了图像的特点，但容易受图像生成过程中噪声干扰的影响。

2. 常用的生物特征识别技术。生物特征识别不依附于其他载体，直接对出入对象进行个性化探测。由于生物特征的差别，识读装置在传感方式、特征提取方法上有很大差别，目前，在实用性方面，各种技术有一定的差距，从技术上讲，它们各有特点，适合于不同的应用和不同的环境。下面是几种常见的生物特征识别技术。

（1）指纹识别。指纹识别是应用最早的生物特征识别方式，是从目视解释开始，主要应用于刑事侦查的个体识别。指纹是每个人特有的、几乎终生不变的特征，在安防出入口系统中，它就像一把钥匙，是一种方便、可靠的特征载体。与其他生物识别技术比较起来较容易实现，是目前应用最广泛的生物特征识别技术。

指纹读取装置（采集器）采用光电技术或电容技术将指纹信息采集下来，然后进行特征提取，并与已存储的特征信息比对，完成识别过程。这一过程可全部在读取装置中完成，也可以在读取装置中仅进行指纹采集，然后将其传送到后台设备（如 PC）完成特征提取和识别。单独进行指纹采集的装置易于小型化，使用方便，系统识别速度也较快。进行指纹特征采集操作时，要求人的手指与采集器建立规定的关系，所以系统友好性稍差。

生物统计学证明，指纹具有很高的唯一性，人与人之间出现相同指纹的概率很低，安全性较高，但仍存在被仿制的风险。最近出现了具有活体指纹采集功能的产品，主要是增加了对温度、弹性、微血管的探测来确认采集指纹的真实性。在高安全要求的场所，除指纹识别外，还可增加其他特征识别手段如密码等来提高系统的安全性。

（2）掌形识别。这是把人手掌的形状、手指的长度、手掌的宽度及厚度、各手指两个关节的宽度与高度等作为特征的一种识别技术，人体的这种特征在一定的时间范围内是稳定的，如一次运动会或活动期间。特征读取装置将其采集下来，并生成特征的综合数据（特征值），然后与存储在数据库中的用户模板进行比对，来判定识别对象的身份。目前，掌形识别技术发展很快，主要是采用红外加摄像的方式，摄取手的完整形状或手指的三维形状。设备识别速度较高、误识率较低。但同指纹识别一样，操作时需人体接触识读设备，要求人机配合程度高。

掌形识别是比较成熟的技术，但友好性差，且掌形特征不具有长期的稳定性，受伤、过度运动后会发生改变，不适合于长期使用的系统，在安防系统中应用较少。

（3）虹膜识别。一个人的虹膜在发育成熟后终生不变，具有极高的唯一性，因此，是一种安全性（密切量）极高的人体生物特征。虹膜是与视网膜不同的概念，它存在于眼的表面（角膜下部），是瞳孔周围的有色环行薄膜。人眼的颜色就是由虹膜决定的，其不受眼球内部疾病的影响。

虹膜读取装置主要是摄像机，只要眼睛正视摄像机就可完成信息的读取。它的特点是不需要接触识读设备，但也需要人体配合（不能闭眼，侧面对摄像机）才能摄取有用信息，因不便于严格规定人的位置，系统的误识率很低，拒识率则较高。

虹膜作为特征的另一优势是不易仿造，但受环境条件的限制，在安防系统中应用尚不普遍。

（4）面相识别。面相识别是通过现代信息技术，将摄像机捕捉到的人脸图像进行分析，提取特征，进行身份识别。与其他生物特征识别方法相比，它具有较突出的优点，主要有以下几个方面：

1）非侵犯性。应用时不要求人的主动配合，只要建立一个稍加限制的环境（人并没有强迫感）就可以快速、简便地进行特征采集。系统友好性高。

2）良好的防伪性。最新的一些面相摄取技术，可以防止由于化妆、眼镜、表情变化的干扰，消除光照、背景、角度等因素产生的像差。

3）从目前的应用情况看，其经济性有较大的改善空间。

由于上述优势，面相识别已成为生物特征识别领域的主要研究方向，应用前景十分广阔。

3. 生物特征识别技术的应用。从工作方式来看，生物特征识别技术主要有两种应用形式：

（1）验证。这是指把当事人的身份与正在发生的行为联系在一起，确认其合法性。这是安全防范系统的典型应用，是把请求出入的人本身作为出入口控制系统的三要素之一（特征载体）。由于生物特征来自持有者自身，不需要进行同一认证，具有极高的安全性，并简便了操作，因此，适用于高安全性要求的场所，如重要的物资和文物库、要人访客或重要活动的出入口管理。

验证系统因为可以对特征输入的过程加以更多的控制，系统的可靠性和稳定性好，也相对成熟。它的基本工作方式是把特征输入装置读取的特征与系统存储的有限量的特征样本（这些样本代表了一定的授权）进行比对，来确定请求是否合法。这种应用称为“一对一”的方式。通常，系统的存储样本的数量不是很多，而且现场输入的条件可以加以控制，因此，系统的识别率很高。

（2）识别。这是指对输入特征与存储在数据库中的大量的参考值进行比对，来确定对象的身份，又称为“一对多”的方式。这样的系统首先要建立一个海量的基础样本数据库，如各城市人口的指纹库等。再者，特征输入的环境有时是不能控制的，输入特征的完整性和可用性有时很差。所以，建立一个实用的系统必须确定一个稍加控制的特征输入环境，以保证影响特征采集的不真实（失真、不完整、伪装）的各种因素能予以排除或控制。

目前，刑事侦查应用的主要是“一对多”的系统，它与“一对一”系统的差别除了系统数据库参考数据量的多少不同外，主要是“一对一”系统合法授权者的数据肯定在数据库中，而“一对多”系统需要查找的对象的数据不一定在系统数据库中。

4. 生物特征识别技术的研究方向。生物特征识别技术在安全领域中是一门应用技术，其研究的重点是应用基础研究。主要方向有：

（1）各种生物特征识别技术、特征识别的算法在安全领域可行性的研究，确定它们的适用性，研究由此形成的识别系统的准确度、效率及经济性等问题。跟踪各种新的生物特征识别技术和算法，结合具体的应用方向和特点，进行识别技术和算法的改进和创新，如建立适合于亚洲人（中国人）的面相、声纹、行为识别系统。

（2）生物特征识别技术的应用环境的研究。研究和分析各种环境因素对识别结果准确性的影响、对系统可能产生的干扰程度、对识别设备性能的要求等。通过研究提出各种应用方式必需的环境条件或在不同的环境条件下的应用模式。

（3）评价技术与技术标准的研究和基础试验条件的建立。评价技术是特征识别技术的核心，因为识别本身就是一种评价。技术的、算法的、设备的、环境的、系统的评价，特别是识别结果的评价是识别技术的要害。评价技术的关键是技术标准和试验环境。这些问题应与技术的研究同时进行，而不是技术、设备、系统已经应用了，才去做的事。

（三）出入口控制技术的发展趋势

出入口控制技术是一项很经典的技术，在人们还没有形成安全防范、安防技术与系统的概念以前，它就已得到广泛的应用。随着安全理论的完善、安防技术的发展，出入口控制的概念出现了，它在安全体系中的地位和作用也日益明确，其重要性逐渐被认识和承认，成为构成安全防范系统的三大关键技术之一。

近年来，出入口控制技术发展得很快，主要表现为：应用领域和应用方式不断增加，投资额从占各个系统的15%增加到20%左右，在欧美国家所占比例更高；新技术、新产品不断出现，可以明显地看到，出入口控制技术和安防视频监控技术已成为安防行业每年产生新产品最多的门类。而且，两者在许多方面有着共同的发展方向，如图像内容分析、生物特征识别等。近年来，安防行业的创新产品几乎全部是出入口控制和安防视频监控，两者各占一半；产生了影响安全防范技术发展的新概念，它们将引发安防系统本质的提升和形态的改变。有些新概念、新技术目前还不具有实用性，有些未来的产品形态和应用方式还很模糊，但其意义和作用已初露端倪，概括起来主要有以下几个方面：

1. 传统产品仍有应用和发展空间。所谓传统产品，是指以物理的门为核心，主要用于防入侵的系统，如楼宇对讲和防盗门等。它们采用接触式IC卡或磁卡甚至钥匙作为特征载体，主要是前置型系统。这样的系统还在大量采用，且占市场的40%左右，今后一段时间也将如此。之所以如此，是因为传统产品的功能和性能仍可满足大部分用户的安全需求。同时，厂家已经有了稳定的生产和可靠的质量控制，价格比较低，产品和系统的标准完整，相互间的接口规范，用户的选择多样。

安防系统的一个特点是，采用经实践证明为有效、可靠的产品和技术，不片面追求“新”和“高”技术。

2. 新技术、新产品实用化。新技术、新产品是推动出入口控制系统产品市场的主要动力，如指纹识别技术日臻成熟，IC卡成为最流行的特征载体。从应用的角度，网络型系统得到推广，出入口控制系统在社会公共事业领域得到广泛应用，门禁系统成为建筑智能化系统的重要组成，一卡通得到广泛的应用等，都是新技术和新产品推广的结果。这些实用化的产品，使出入口系统的友好性提高、功能更加丰富、网络化更加突出，因此得到了用户的认可，成为安防系统新的增长点。

3. 生物特征识别技术的研究取得较大进展。目前，生物特征识别技术在原理和基本技术上已基本成熟，但实用化还需一段时间。因此，应用基础研究和应用研究是当前安防技术研究的热点和重点，它将视频技术与特征识别技术结合在一起，实现了真实的探测。这是安全技术发展的主要方向，也是今后安防市场的主要增长点。

实训　出入口控制系统实训

任务一　认识构成出入口控制系统的装置

一、实训目的

1. 认识构成出入口控制系统的装置。
2. 了解不同种类出入口控制系统的应用场合。

二、实训步骤

1. 观察一套出入口控制系统。
2. 根据出入口控制系统的构成方式对其进行分类。
3. 认识构成出入口控制系统的装置。

任务二　出入口控制系统的权限管理

一、实训目的

1. 了解出入口控制系统管理软件的安装与使用。
2. 学会出入口控制系统的权限管理。

二、实训步骤

1. 安装出入口控制系统管理软件。
2. 运行出入口控制系统管理软件。
3. 利用出入口控制系统管理软件进行授权、挂失、查询。

要点小结

出入口控制系统（Access Control System），在行业内又称为门禁系统。广义上讲，出入口控制系统是对人员、物品、信息流和状态的管理，所涉及的应用领域和产品种类非常广泛。安全防范系统中的出入口控制系统，是指采用现代电子与信息技术，在出入口对人或物这两类目标的出入，根据授权情况进行放行、拒绝、记录和报警等操作的控制系统。

出入口控制系统的核心技术是特征识别。

出入口控制技术的基本要素是特征载体、特征识别（读取）、锁定（联动）机构。

出入口控制系统的模式主要有前置型和网络型。

出入口控制技术主要应用于人流控制与管理、物流管理、安全监控与过程控制。

出入口控制系统由识别装置、控制器、执行机构组成。

不同的识别方式对应不同的识别装置。

出入口控制系统的评价指标包括通过率、系统容量、误识率与误拒率、反应方式、安全性、友好性、信息存储能力。

出入口技术的发展趋势是传统产品仍有应用和发展空间，新技术、新产品实用化，生物特征识别技术的研究取得较大进展。

模块五　防爆安检设备的应用

学习目标

1. 知道防爆安检的基本概念，了解防爆安检形势。
2. 知道安检的基本方法，会选择合适的方法安检。
3. 知道安检的目的，学会应用安检设备进行安检。
4. 熟悉安检器材，知道安检器材的分类方法和适用场合。

项目一　防爆安检概述

随着社会的发展，犯罪分子利用爆炸手段在公共场所进行爆炸活动的事件明显增加，无论是发案的次数还是社会危害程度，都处于逐年上升的趋势。因此，为了有效地预防爆炸事件的发生，维护社会公共安全，营造和谐的社会氛围，加强防爆安检和安全处置成为安全检查部门的当务之急。本模块着重讲述几类常见的防爆安检技术，从而以科学的理论指导防爆安检工作，确保社会环境的安全和谐。

一、防爆安检的基本概念

安全检查在公安工作中包含的内容十分广泛。例如，消防安全检查；针对煤矿瓦斯爆炸的安全检查，针对易燃易爆等危险物品的生产、运输、储存的安全检查；各内部单位的安全检查；国防尖端企业的安全检查；确保党政领导和知名人士安全的检查以及确保防洪水库堤坝安全的检查等。这里，安全是目的，检查是手段。因此，所谓安全检查，就是通过对人、地、物的检查，及时发现和解决安全隐患，从而保障人民群众生命和财产的安全，而本模块所讲的防爆安检，不包括上述诸多领域，有它特定的工作范围。防爆安检是指以预防和制止爆炸为主，对人身、场地、携带物品和公共场所进行的全方位的安全检查，是伴随着恐怖活动的产生而诞生的安全检查，是利用 X 射线等检测发现不同类型的爆炸物、金属武器等的检测技术，目的是预防爆炸、枪击等案件的发生。

二、防爆安检的作用和意义

实施防爆安检，其作用和意义主要有以下几个方面：

第一，通过严格有效的安全检查，可以确保党和国家领导人以及政界要员的人身安全。世界各国领导人以及政界要员、知名人士，都是国家的精神支柱，确保他们日常行政事务和参观考察的安全，是安保工作人员的重要任务之一。特别是当今社会敌对势力和恐怖分子往往把暗杀的目标选定为总统、主席、首相、总理等政界要员，暗杀事件频频发生、不胜枚举。因此，对他们经常出入的场所以及接触的人群进行严格的防爆安检是很有必要的，也是行之有效的手段之一。

第二，通过严格有效的安全检查，可以确保重要目标的安全。如博物馆、名胜古迹等，由于他们的独特性而成为警方保卫的重点。原因是：一方面古迹、文物不可再生，价值无法估量；另一方面这些地方又是旅游胜地，游人稠密。还有如大型水电站、核电站、国防尖端企业单位、新闻中心、银行金库等要害单位和要害部位，都是犯罪分子实施恐怖活动、进行爆炸的重要目标。防爆安检是确保要害部位的安全的主要手段之一。

第三，通过严格有效的安全检查，可以确保易于发生群体性重大事件的公共场所和人民群众的安全。比如，在车站、机场、港口以及大型商场、宾馆等人群聚集又大量流动的公共场所采取一些必要的安全检查手段，可以有效地确保人民群众的生命安全和社会秩序的稳定。经常举办大型文体活动的场地，容易引起骚乱的娱乐场所等，如发生爆炸事件，必然会造成恶劣的负面影响，因此，也是应该采取安全检查措施的重要场所。

三、防爆安检的方法

目前，防爆安检主要采用以下三种方法：一般检查法、仪器检查法、动物检查法。

（一）一般检查法

一般检查法是指安全检查人员不借助任何防爆仪器设备，只凭个人的生理感觉和经验来搜寻检查目标（包括人员、物体、场所等），从而发现爆炸物品的方法。具体讲，就是通过眼看、手摸、耳闻、鼻嗅、手掂等五种手段发现可疑目标，再用仪器设备进一步确认。

（二）仪器检查法

仪器检查法是指安全检查人员借助一定的安全检查仪器设备，既凭借感官触觉，又凭借专用器材的提示，运用掌握的爆炸知识，搜寻检查目标，从而发现爆炸物品的方法。主要方法有X射线探测器检查法、金属武器探测器检查法、炸药探测器检查法、电子听音器检查法等。具体检查方法在后续项目中有详细介绍。

（三）动物检查法

动物检查法是指安全检查人员利用某些生物或动物对炸药的特别反应来搜寻检查目标的方法。如警犬是最常见的动物安检专家，还有经过特殊训练的警猪、警鼠。此外，一些生物，如地中海果蝇和某些菌酶有“吃炸药的嗜好”，一旦它们嗅出炸药就会蜂拥而上，在炸药附近形成密集的生物群，或发光或散味以引起人们的注意，从而发现藏匿在成堆货物中的炸药。

四、防爆安检的范围

防爆安检包含的范围广泛，“防爆”是其核心内容，“安全”是要达到的目的，“检查”是手段和过程，是为了防止特定场所内发生爆炸事件而进行的以保证安全为目的的检查。检查的范围包括场地检查、人身及携带物品的检查、车辆的检查等。

（一）场地的检查

场地防爆安检是安检工作的重要组成部分，场地是检查的对象，检查是手段和过程。需要进行防爆安检的场所一般是国家政要、重要外宾出席活动或涉足的场所或是举办重大活动所用场地及已经具有某种特殊意义的场地，如奥运会场馆、毛主席纪念堂等。这类场所一般分为两类：已经发生过爆炸的场所和可能发生爆炸的场所。

（二）人身及携带物品的检查

人身安检和携带物品安检是安检工作的重中之重，人员和随身携带物品是检查对象，检查是手段和过程。一般是对参加重大集会和进入重要场所的人身及携带的物品进行检查。人身及携带物品的安检采取器材与直观检查相结合的方法，并遵循“男不查女”的原则，分为初检、复检和重点检查三个阶段，先利用安全门对人身、利用X光机对随身物品进行初检；如不能排除可疑，由安检员对人身使用手持金属探测器复检，对物品实施开包复检，必要时会请受检人到备查室接受重点检查。

（三）车辆的检查

对车辆采取人、器材相结合的技术方法进行初检、复检及用搜爆犬强化检查，安检员利用车底检查系统对车底和外观进行初检，对发动机、后备箱、驾驶室和车辆其他部位以及驾驶员进行徒手复检，同时在重要车辆安检点部署搜爆犬强化检查。

项目二　防爆安检器材介绍

一、防爆安检器材

防爆安检器材是防爆安检专业人员对被检查目标（如人、物、场所）实施安全检查时使用的专业器材，可分为射线探测器、金属探测器、炸药探测器、电子听音器、非线性节点探测器及其他常用安检器材六大类。

（一）射线探测器

目前使用的射线探测器材的工作射线波长范围各不相同，使用的射线种类包括X射线、β射线、γ射线、高速粒子流等，其中X射线检查设备的使用最为普遍。

1. X射线检查系统。X射线检查系统是主要用来观察封闭物体内部结构的器材。

X射线是一种比可见光波长短得多、穿透力极强的电磁波。当它照射被检物品时，一部分射线会透射穿过被检物，而另一部分将发生反射。不同密度的物质对X射线的透射、反射比例是不同的。对这些被透射和反射的X射线用技术方法处理后，在显示系统（如屏幕和底片）上就可以将不同密度的物质区分显示出来。据此，X射线检查系统可以用透射原理和反射原理两种方法建立：在用透射原理制成的X射线检查系统中，被照射的物体密度越大，透射过的X射线越少，显示系统（如照片和荧光屏等）图像直接显现出的颜色就越深（黑）；反之，被照射的物体密度越小，在显示系统中显现出的图像颜色就越浅（白）。而在用反射原理制成的X射线检查系统中，被照射的密度越小，吸收的X射线就多，反射的就越少，显示系统接收的图像颜色深。例如，如果被检查的物质为铁制手枪和木质手枪，在用透射原理制成的X射线检查系统中的显示器上，铁制手枪的颜色深，图像清晰；在用反射原理制成的X射线检查系统中的显示器上，木质手枪颜色深，图像清晰。

实际使用中的X射线系统，用反射原理制作较用透射原理制作的技术工艺难度大得多，成本也高得多，目前只有美国的个别公司具有技术能力并少量生产，而我国绝大多数安检防爆工作部门并未使用，就是在世界范围内也只有欧美等国政府要害部门选择性的使用。真正被广泛使用的X射线检查系统是运用透射原理制作的，也称X射线透视成像系统。目前使用的透视成像系统具有X射线剂量低（对人体无害）、在显示器上图像清晰度高等特点。操作人员在使用过程中无须穿戴防护用具，只要在透视过程中对成像物体进行认真辨别，凭借一定专业基础知识就可以做出比较准确的判断。

目前使用的X射线透视成像系统主要有以下五种。

（1）通道式X射线检查系统、成像显示系统和皮带传输系统。采用X射线透视原理，一般安装在机场、火车站、重要设施入口等处，用于对大中型行李物件进行安检。具有无X射线辐射伤害、穿透力强、辨别力高（钢板12mm以上、铜线直径0.16mm）、被检物体体积大（80cm×65cm）的特点。

在我国使用较多的是公安部一所的产品，还有德国Heman公司、美国EG&G公司和VIVID公司等专业部门生产的产品。主要产品包括SMEX—DV6550型X射线仪、SLS—V5030型X射线仪、VIVID X射线仪、CTX5000大型X射线仪（见图5－1）。

图5－1　中小型SLS－V5030C行李通道式X光机

（2）移动式X射线检查系统。主要由X射线发射系统、成像显示系统、皮带传输系统及高性能越野车组成。采用X射线透视原理，一般安装在机场、火车站、重要设施入口等处，用于对大中型行李物件进行安检。具有无X射线辐射伤害、穿透力强、辨别力高（钢板12mm以上、铜线直径0.16mm）、被检物体体积大（80cm×65cm）的特点。

目前我国公安部一所生产的多能量X射线行李安全检查车就是一套独立配置的移动式安全检查系统，已在各个防爆安检部门配置。

（3）集装箱X射线检查系统、显示系统。其原理是：加速器或放射性同位素产生X射线照射集装箱，利用透射和背散射（反射）原理使箱内物品在显示系统上成像。其既可用于海关对集装箱汽车的检查，也可用于公安对车辆进行的检查。

目前美国AS & E公司生产的Mobile Search系统和我国清华同方生产的车检系统已在世界范围内广泛应用。

（4）便携式X射线检查系统。通道式X射线系统固然穿透力强、分辨率高，但体积大、质量重、使用受环境和场所限制，对小件物品的检查不免“大材小用”，因此，一些小型的能够携带的X射线检查系统就逐步发展起来。目前主要品种有以下四种：

第一种，一次成像检查系统，主要由X射线发生器、控制器（远距离遥控）、宝丽来一次成像系统（照片/洗相）组成。其采用X射线透视原理，主要在进行紧急现场处置时使用，具有无X射线泄漏伤害、照片清晰、穿透力强、分辨率高（铝板60mm，铜线0.1mm）的特点。

第二种，存储屏式检查系统，主要由X射线发生器、控制器（一般可实现远距离有线控制）和储存屏组成。其采用X射线透视原理，使用时将被检查物品放到X射线发生器与储存屏之间照射，将X射线图像呈现在储存屏上；该图像可以在储存屏上储存一段时间供检查人员分析辨别，分辨完毕后可将图像消除，储存屏可反复使用。

这种器材虽然可以实现远距离有线控制，避免了X射线辐射的伤害，但储存屏的反复使用会使图像清晰度不断下降，影响检查效果，因此，目前已较少使用。

第三种，直接观察式检查系统，主要由射线源、观察窗、电池组成。其采用X射线透视原理，适用于各种现场对小型包裹的检查。操作时将被检查物放在X射线发生器前照射，由操作员直接看X射线图像，必要时也可以拍摄X射线照片。

这是早期的便携式X射线仪，具有成本低、使用方便的特点，但它的X射线辐射较大，长期使用对工作人员有一定伤害。目前，一些国外通过技术手段对直接观察式X射线仪进行了改进，使其射线泄漏剂量大大下降，还研制了一些操作简便适合检查小件物品的直观式X射线仪。我国由于经济条件限制，一些部门仍在使用改进的直接观察式X射线仪，如LH—50手提式透视仪和2801型X射线仪。

第四种，数字化采集检查系统，主要由X射线发生器、控制器（有线或无线遥控）、数字化处理系统和电脑显示系统组成。其采用X射线透视原理，通过数字化处理将图像在笔记本电脑上显现出来。主要用于对可疑物品内部结构进行的检查。

这种器材不仅吸收了一次成像检查系统的全部优点，同时由于加入了数字化处理系统，可以在电脑上对图像进行多次处理并长期保存（可打印），应该说数字化X射线检查系统是现今世界最先进的便携式X射线检查系统，代表了便携式机的发展方向。目前，我国生产并投入使用的数字化X射线检查仪，分辨力和穿透力都已达到了国际先进水平。

（5）人体X射线扫描仪。主要由X射线发射系统、成像显示系统和受检平台组成。其采用X射线透视原理，一般安装在机场、火车站、重要设施入口等处，用于对重点人员进行安检。该仪器具有低X射线辐射的特点，其接受到的X射线的剂量相当于飞行一小时在机舱中所接受到的放射剂量，在12秒内就可以检查出受检人体内是否藏有违禁品。

2. 其他射线探测类。

（1）违禁品探测仪。违禁品探测仪由射线源、探头及声音报警系统组成。它应用脉冲伽马射线对被检查物品进行照射，通过检测被测物发射回来的回波的强度变化进行强度对比，并以相对数值的形式进行显示，用以发现隐藏的空间或爆炸物，如对汽车轮胎、集装箱夹层、空心门板等的检查。由于这些物品在一定的平面上应当呈现均匀的密度和厚度，对伽马射线的反应能力也应基本不变或均匀缓慢地变化。当其中藏匿了其他物品时，由于被检测区域发生平均密度或厚度的突然变化，则伽马射线的反射强度也相应会发生明显的变化，由此操作者就可以发现藏匿物品的存在。

（2）CBS 扫描仪。CBS 扫描仪主要由探头、主机和笔记本电脑组成。该设备用钴 60 射线进行扫描，根据检测反射波强度的变化确定被检物体的密度差异，主要用于对墙壁进行扫描探测，以识别墙内夹层或空间内隐藏的物品。由于该技术还未成熟，所以商品化产品还未投入市场。

（3）回旋加速器探测集装箱系统。回旋加速器探测集装箱系统由回旋加速器、探头、图像接收系统三大部分组成。该系统应用回旋加速器激发高速电子，用于透视、探测集装箱等大型物体的内部结构。

（4）毫米波探测器。毫米波探测器由射线源、探头及图像显示系统组成，主要是应用毫米波技术探测金属和非金属违禁品。在将毫米波探头安在固定位置后，当人从其旁边走过时，可以探测出人身上是否带有武器等违禁品，以实现对人的非接触检查。但由于该技术还未成熟，所以商品化产品还未投入市场。

（二）金属探测器

金属探测器材主要是用来探测人、物及场所内是否有金属存在。由于大部分凶器和炸弹（如雷管、刀、炮弹皮等）都或多或少地含有金属，所以当金属探测器材指示被检物品或场所内有金属存在时就应引起警觉。

金属探测器材一般都由探头和报警系统组成。探头内装有一组电感线圈，工作时产生交变电磁场，又称发射场，发射场遇金属产生涡电流形成新的电磁场，使发射场产生畸变，传送到报警系统中。现在常用的金属探测器材有两类：一是被动式，这类器材只能探测黑色金属，如我国常用的铁磁物探测器和梯度仪等，它对探测矿产和战争年代投入地下没有爆炸的废旧航/炮弹相当有效；二是主动式，这类器材可以探测绝大多数金属制品，可以广泛地应用于对人身、场地的安检。

目前经常使用的主动式金属探测器有手持金属探测器、探雷器、金属探测门、信件炸弹检测仪等。

1. 手持金属探测器。手持金属探测器由手持金属探测器探头和报警器（蜂鸣器或指示灯）组成，主要用于探测人身上隐藏的金属物品或对小面积场地进行检查。使用时将探头接近（但不接触）被测物表面平行移动，如遇金属就会报警。一般来说，手持金属探测器可以在 5cm 外探测到大头针。

手持金属探测器重量轻、体积小、便于携带，灵敏度较高，使用方便，是探测被检目标（主要是人和物）内是否有金属的较理想器材。目前，我国常用的主要产品有 ALLENAD 10－2、S－502 和 RANGER 1000。

2. 探雷器。探雷器也称扫雷器，主要由探头和报警系统组成，主要用于对大范围场地进行的安检。使用时将探头接近被检场地表面并平行移动，如遇金属就会报警，探测距离视金属体积大小而异（探测深度：子弹 10cm，炮弹大于 50cm）。目前世界先进的扫雷器不仅能探测金属，同时也能探测塑料地雷、陶制管道等埋在地下的突出异物，有的探测器还能部分地深入水下工作，报警方式上也从单纯的信号报警，发展成以仪表、数字形式报警，大大方便了使用。目前，我国常用的主要产品有 GTL 115 和磁性记录仪。

磁性记录仪是英国生产的专门用于探测地下金属存在的专用器材，其报警方式既可用声音，也可通过数字化仪表显示。

3. 金属探测门。金属探测门也叫安全门，由于经常放置在机场、火车站等重要设施的入口处检查进入的人员而得名。金属探测门由门体、探测线圈、报警器组成，主要用于检查人身上隐藏的金属。它外观类似一个门，两个“门柱”和脚下踏板部设有若干个探头。当人员从此门经过时，探头组对通过人员的多个部位进行探测，如探出金属就报警。由于金属探测门安装方便（有些是可以移动的），探测部位多（能探测人员的脚、腰、腋下等多个部位），通过人员能力强，因此被广泛使用。

目前，我国使用的安全门主要有美国启亚 SMD 600 超高灵敏度安全门、美国启亚连续区位安全门和芬兰、意大利等国生产的系列安全门。

4. 信件炸弹检测仪。信件炸弹检测仪一般由送信口、探头组、显示灯三部分组成，是专门检测信件、邮包内是否有金属器材的检测仪。使用时只需将邮件放入送信口，探头就会自动探测，显示灯就会做出正常或报警的指示。

（三）炸药探测器

在炸弹的三个组成部分中，一个重要的组成部分就是炸药，所以，防爆安检的一个重要的工作就是探测放置的行李、包裹、箱子内以及暗藏在人体某部位的隐藏炸药。其实，人类对微量物质的探测早已从准确定性进入准确定量阶段，利用气象色谱、质谱、核磁共振等大型分析仪器可以将 10^{-12} 以下的微量物质定性定量地分析出来。但在防爆安检中，这样要求苛刻的实验条件，大型的器材并不适用，所以自 20 世纪 50 年代末开始，人们围绕如何将微量物质定性的分析技术运用到防爆安检中研制了一种小型的炸药探测器，并对这一关键技术做了大量艰辛工作，初步、部分地解决了防爆安检中探测隐匿炸药的问题。现有的炸药探测器的品种虽然很多，但主要是用蒸气压法、散射扫描法和核四极矩共振法等几种方法研制的。

1. 蒸气压法。我们知道，任何物质，不论是固态、液态，都有自己的蒸气压，也就是“气味”。捕捉炸药特有的“气味”作出定性分析就是炸药探测器的任务。所以，依据这类原理制作的炸药探测器产品俗称“电子鼻”。目前，广泛应用的便携式炸药蒸气探测器主要依据电子俘获法和离子俘获法两种原理制成。

第一种，电子俘获法，此类探测器主要由真空收集系统、加热系统、电子俘获系统和处理系统组成，是通过电离对比探测发现炸药微粒的。

使用时，设备用真空收集系统对被检物表面进行吸附，将微量炸药蒸气吸入探测器中，经加热系统加热后用惰性载气（如氩气）或空气传送到电子俘获系统（一般是电子俘获器），此时亲电炸药分子就会俘获一部分热电子。不同的炸药俘获热电子的能力不同，因此在处理系统上就会显示出不同的信号从而为检物定性。

电子俘获法检查炸药所用设备体积小、重量轻、携带方便、操作简单，对防爆安检中专业人员探测隐匿炸药确实起到了一定作用，曾一度被较广泛地使用，如 PD2、PD3、PD5、EVD3000 型。但由于许多日用品，如化妆品、香烟等都是类似炸药一样的亲电物质，经探测器探测时也会发出报警，所以，用电子俘获法制成的炸药探测器误报率相当高，严重影响了使用效果。

第二种，离子俘获法。此类型探测器主要由真空收集系统、加热系统、离子俘获法系统和处理系统组成，是通过加热对比检测发现炸药微粒的。

电子俘获法有严重缺陷，直到20世纪90年代中期，一种依据离子俘获法（离子迁移法）原理制作的探测器开始问世。使用时，设备用真空收集系统在被检物表面吸附，经加热系统加热后，炸药分子进入离子俘获系统，此时各不相同的炸药离子被俘获系统分别俘获，在处理系统中被定性分析出来，由于各种物质（包括炸药）的离子各不相同，在处理系统中不会出现将离子特征“搞错”的现象，所以这种探测器误报率很小。目前，美国ION TRACK公司用离子俘获法支撑的炸药探测器ITMSVAPORTRAEER使用方便、准确性高，是较理想的探测炸药的器材，已越来越多地为防爆安检专业人员采用。

2. 散射扫描法。散射扫描法的炸药探测设备一般由包括X射线源的扫描头和包括微处理器的电子学测量探头两部分组成，其利用康普顿散射效应实现炸药探测功能。使用时扫描头在被测物表面进行扫描，X射线与被测物分子相互作用产生康普顿散射效应，电子测量单元由此测出被测物中的电子密度分布，进而得到被测物的物体密度、有效原子序数和百分比含量等三个物理指标，从而确定被测物是不是炸药。从理论上讲这项技术较蒸气压法可靠，但需要科研人员做大量艰苦的工作。目前由于技术还不成熟，尚未有商品投入市场。

3. 核四极矩共振法。核四极矩共振法是这样一种现象：原子核的四极矩与核周围的电场梯度相互作用，引起核角动量进动，当它与外在的变化的电磁场相互作用后，电子的能级发生变化，从而发射出含有原子核特征信息的电磁波。试验已经对超过10000种化合物进行了研究，还未发现其中有相同的共振频率。由于大多数炸药均为含氮的固体，氮原子的电荷分布不对称，具有核电四极矩，因此，核电四极矩共振技术用于探测炸药非常有效。目前，由于技术还不成熟，尚未有商品投入市场。

（四）电子听音器

由于犯罪分子使用的定时炸药装置绝大多数都是用钟表、定时器等机械走动装置制作的，这些声音有时单凭人耳是难以听到或听准的，因此，在安检中努力探测到这种机械走动声也成为发现隐匿炸弹的一个方法。基于此，人们研制了能探测到钟表走动、定时器走动甚至石英震荡声音的精密探测器——电子听音器，也叫定时炸弹探测器。它的工作原理是将钟表/定时器等声音低频放大，通过滤波器滤掉高频，把人耳听不到的频率转换成可听频率，从而实现探测目的。目前使用的电子听音器主要有接触式和非接触式电子听音器两类。

1. 接触式电子听音器。它由探头、控制系统、滤波增强系统、耳机组成。这是早期的产品，应用了固体间传感震动波的固体传播原理，使用时必须将探头直接接触被检物（固体）表面，如果该固体内有钟表等定时装置，就能被探知。接触式电子听音器性能稳定，操作方便可靠，20世纪90年代以前被安检人员广泛选用，如德国产的MEL 70、MEL 80型等。

2. 非接触式电子听音器。接触式电子听音器固然在探测个别具体物体时能发挥很大的作用，但对于有一定范围场所的安检则很不方便，因为安检人员不可能有更多的时间用探头接触被检场所内每一个固体，因此，人们又利用空气传播的原理研制了非接触式电子听音器。非接触式电子听音器由探头、控制系统、滤波增强系统、耳机组成，其利用空气传播的原理进行工作。它的构成体系与接触式大体相同，只是由于工作原理不同，它在空气间传播，操作人员只要在使用时将探头对着被检物（而不用直接接触）就可探测，这样就大大节省了安检的时间和劳动强度。同时，由于非接触式电子听音器采用了更为先进的滤波增波系统，灵敏性增强了，使探测距离增大到4～8m，所以，已经取代了接触式电子听音器成为探测定时炸弹的主要探测器材。

（五）非线性节点探测器

随着电子工业的迅猛发展，在爆炸物的定时装置的遥控等装置上大量使用二极管、三极管和集成电路，在这些电子元件中存在一个或多个非线性节点。非线性节点探测器就是在探测区域内发出高频波，激发各种定时器、遥控器及窃听器的非线性节点上的自激回波，用探测器上的接收器捕获到各种震荡波，以达到定位搜查的目的。

（六）其他常用安检器材

安检器材除上述五种外，还有很多小型的必不可少的检查器材，主要包括窥镜系列、检查镜系列、炸药喷显剂等。

1. 窥镜系列。窥镜通常由探头、镜管、光源、监视系统组成，利用的是镜面反光光学原理。使用时模仿医学上胃镜的操作方法，将探头深入被测物内，在自带光源的照射下，通过监视系统（一般是目镜或接入小型电视监视器）就可将被测物的内部情况看清楚。由于探头直径较小（1～50mm），并能360度旋转，所以，它能从很小的缝隙如抽屉缝、油箱管等深入被测物内，不用搅动就能看清楚探头周围的情况，因此，窥镜是探测汽油箱、抽屉等X射线机不便检查的个别物体内部情况的理想器材。实际应用中，根据镜管的曲直程度又分为直管窥镜和软管窥镜，同时，还有自带爬行器和机械爪的挠性窥镜，可依据被检物的实际情况挑选使用。

2. 检查镜系列。工作人员在遇到需要对建筑物高处物低矮边角检查的情况时，如果没有器材辅助，就不得不借助梯子登高或伏在地上检查，这样不但增加了检查的劳动强度，还会降低检查速度。为解决这些不便，人们生产了一些专门用于安检的检查镜，如专用于车底的检查镜，能检查衣柜顶、房棱子的带伸缩杆的搜查镜等，这些镜子的共同特点是适手、实用、自带光源。为了在光线不足的场所很好地实施检查，还专门研制了光照时间长、亮度适中的检查用光源，如手电、照射灯等。常用的检查镜系列有伸缩臂检查镜、车底检查镜、液晶检查镜等。

伸缩臂检查镜主要是为了检查房棱子、吊灯池、衣柜顶等人手不易够到、人眼不易看到的地方。其臂的长短可以伸缩，最长可伸至3m；其镜面可转换大小和种类（凹面、平面、凸面）。车底检查镜是为检查车底专门设计的，可自带光源，镜面的大小和种类可以更换。液晶检查镜在镜面处配有CCD镜头，可以将检查部位的图像传输回液晶显示屏上，如果需要，还可以录像存档，弥补了用伸缩臂检查镜检查时因距离太远而看不清和无法保存检查过程的不足。

3. 炸药喷显剂。不同的炸药遇一些特殊化学试剂有不同的颜色反应。依照这一原理，人们生产了专门用于定性检查，确定被检目标（主要是人或个别物体）是否沾有炸药的器材——炸药喷显剂。它主要由还原试纸和喷显药水组成。使用时，对被检人或物上可能沾有炸药的部分用还原试纸涂抹，然后用药水喷显，通过观察试纸的颜色变化，确定被检物（人）是否沾有炸药。目前，我国使用的炸药喷显剂主要是北京市公安局刑科所和英国生产的产品。

二、防爆处置器材

防爆处置器材是防爆安检专业人员对被检查目标（人、物、场所）实施安全处置时使用的专业器材，可分为排爆专用工具组、排爆杆、液氮冷冻系统、切割器材、爆炸物摧毁器材和排爆机器人六大类。

（一）排爆专用工具组

为了排爆现场作业的方便，各国排爆专业人员纷纷配置用来进行手工排除爆炸物的专用工具组；其中既有用于远距离移动及开启可疑物的绳钩线，又有用于剪线裁包的刀、剪、钳，还有用于开锁撬箱的专用工具。总之，一切在排爆作业中可能用到的工具，经过认真选择，都被配置到排爆专用工具组里。这些工具的特点是适手、成系列，特别适合排爆现场手工排除之用。目前，我国使用的工具主要是由公安部一所生产的排爆工具箱和英国生产的无磁工具组及 MK1、MK2、MK3 和 MK4 型工具组。

无磁工具组用铍铜合金制成，由于没有磁性，在排爆作业时，可以有效地防止工具与物品接触产生静电和磁感应，是一种安全的排爆作业工具。

MK1 工具组内含物件比较简单实用，主要有绳、钩、滑轮等。MK2 工具组内含物件比 MK1 稍多，除绳、钩、滑轮外，主要以牵引带和钢钎为主。MK4 工具组内含物件是 MK 系列里最多的，除包含有绳、钩、滑轮、牵引带和钢钎外，还有吸盘、涨杆等开启车门、房门的工具。

（二）排爆杆

排爆杆由机械手、机械杆和控制系统组成。其作用是使排爆人员与爆炸物保持一定距离（1～3m），对爆炸物进行抓、拿、剪等作业。特点为简单方便、移动灵活、可折叠拆卸、便于运输，特别适合排爆现场手工排除之用。目前，我国使用的工具主要有国产机械排爆杆、进口 Hostic 型机械排爆杆和进口 TM—500C 型电动排爆杆。

国产机械排爆杆配备有四种机械手，即张开距离为 160mm 的爪型手，160～500mm 的卡尺型手，长 250mm、宽 120mm 的叉型手，还有具备剪刀和钩子功能的剪钩手。Hostic 型机械排爆杆质量较轻，机械手头部可旋转，整个排爆杆可拆分放入手提箱内，简单灵活，能提供 3m 的工作距离，有效地保护了排爆人员。TM—500C 型电动排爆杆采用充电电池驱动方式，机械手的开臂速度可电动调节，同样能提供 3m 的工作距离，可以有效地保护排爆人员的安全。

（三）液氮冷冻系统

液态氮的温度在 $-190°C \sim -180°C$，在这个温度下干电池、电瓶灯电源设备及钟表定时器等机械装置都会停走失效。实验表明，液态氮使电池失效的时间大约是90s，使机械走动装置停走的时间大约是3s。根据这一原理，结合起爆装置大都是用电引爆和机械定时的特点，人们设计了液氮冷冻系统。

液氮冷冻系统由冷冻系统、液氮、承载液氮的容器组成。一般采取喷射法或浸泡法进行工作。浸泡法配置的液态氮系统，由液氮罐和保温桶组成，使用时将爆炸可疑物放入保温桶中，倒入液态氮，将爆炸可疑物冷冻；喷射法使用时，直接将液态氮罐喷嘴对准可疑物喷射，直到可疑物冷冻为止。

目前，我国使用的液态氮罐就是普通医用的，带喷嘴的液态氮罐则是从德国进口的。很显然，依喷射法使用液态氮冷冻系统较浸泡法安全、方便，但带喷嘴的液态氮罐要比普通医用液态氮罐价格高，所以要分情况选择。

（四）切割器材

在排爆作业时，技术人员通常要剪断导线、割开包装物、切削硬物，这种切割作业如果靠刀、剪、钳等手工施行，将很危险，因此，人们研制了专门用于切割的器材，主要有导线切割器、导爆索、水切割器三种。

1. 导线切割器。导线切割器在排爆作业中是一个重要的手段，就是剪断装置内的导线。为了减少排爆人员接近爆炸物亲手剪断导线的危险性，人们设计了能够远距离切割导线的器材——导线切割器。导线切割器由火药、刀片、外壳三部分组成，它的外观类似一只雷管，其头部有一缺口正好能搁卡在直径5mm以下的导线上，缺口上下两边也各有一个锋利的钢片，尾部用发射药装填，插入电发火装置并用50m以上的导线引出。使用时将缺口处搁卡在导线上，远距离用起爆发射药，缺口的两个钢片在发射药爆燃产生的气体的推动下将导线切断，达到远距离剪切导线的作用。

2. 导爆索。导爆索是一种火工品，在雷管的引爆下不仅爆炸能沿着导爆索方向传播，同时冲击波也可与导爆索成切线方向传播，利用这一原理可以用导爆索切割爆炸装置的外包装物。使用时，可根据欲切割物体的位置和厚度，具体确定导爆的缠结方法和导爆索的根数。

3. 水切割器。水切割器是借助喷射高压水流将具有硬包装（如铸铁）的爆炸物切割开来的专用器材，一般由高压水枪、储水罐（或就近水源）组成，使用时，可借助机器人远距离地将水枪对准爆炸物硬包装喷射。

（五）爆炸物摧毁器材

对爆炸物用手工施行摧毁非常危险，所以，人们研制了能够摧毁爆炸装置而不引爆炸药的器材。主要有水枪和铸铁管炸弹摧毁器两种。

1. 水枪。水枪也叫爆炸物摧毁器，由枪身、枪架、电发火装置组成。使用时将枪管前端装上水（根据不同情况可以发射沙子、金属弹、塑料）用塑料盖密封，后端装上枪弹，然后架好水枪使之对准爆炸物，启动电发火装置远距离点火，当后端的弹药被点燃后，产生了高压，推动前端的水形成高压水流高速射向爆炸物，爆炸物的外包装及内部组件在高压水流作用下解体。实验结果表明，由于水枪摧毁爆炸装置的速度极快，快于雷管引爆炸药的速度，所以，雷管和炸药不会因此爆炸。

根据实际排爆作业情况，水枪的型号分为大、中、小三种。小号水枪适合摧毁邮件炸弹和用纸作为包装物的小型爆炸物；中号水枪适合摧毁用皮革、薄木箱作为包装物的中等体积的爆炸物；大号水枪适合摧毁用薄铁片和厚硬模板包装的体积较大的爆炸物。

2. 铸铁管炸弹摧毁器。铸铁管炸弹摧毁器也称定向切割器或引信切割器。它与水枪的外形、制作原理、使用方法基本一样，只是在枪管前端没有装水而是安装了一个锋利、坚硬的小钢铲，击发时钢铲在高压下射向铸铁管炸弹，将铸铁管切开。这是针对恐怖分子越来越多地使用铸铁管炸弹而专门设计的摧毁器材，同时也能切削制式炸药的引信。目前使用较多的是英国产的DE—ARMER。

（六）排爆机器人

排爆机器人是一种能代替排爆人员在爆炸现场接近爆炸物，对其进行检查、处置的综合专用器材。一般来说，排爆机器人由移动工作平台、机械臂、遥控器三部分组成，采用轮式或履带驱动方式运动。从整体外观看，它类似于一个小型坦克车，既能平地行走又能上下台阶，底部具有一个稳定的平台，上边安装了一个机械臂。臂上可替换安装X射线仪、水枪、钩钳等排爆专用工具，同时，机器人在车前、车后和机械臂上都安装了摄像头，供操作人员在远距离对设备进行控制；机器人采用有线或无线远距离控制，距离一般在100m左右。排爆机器人是处置爆炸物最安全有效的综合专业器材，分为大、中、小、微型。目前已为欧美、以色列等国的排爆人员广泛使用。

中型多功能排爆机器人

三、排爆防护器材

防护器材，是排爆人员在爆炸现场对人和物进行防护的专用器材，主要有排爆（搜爆）服、防爆毯、干扰仪等。

（一）排爆（搜爆）服

排爆服是排爆人员在爆炸现场实施排爆作业时穿着的防护用具。其头盔、上衣、裤子、手套等，均选用美国杜邦公司生产的防护材料开普勒（凯夫拉）纤维经特殊工艺精制而成，具有良好的防碎片杀伤、防冲击波、防撞击、防高温的性能。据实验，当一枚1kgTNT当量的炸药爆炸时，距其2m远的穿戴全套排爆服的排爆人员不会有任何伤害。新一代排爆服还配备了照明灯及通信、通风、冷却系统，使排爆人员穿着更加舒适，工作时更加方便，与外界联系更加通畅。现在排爆服已成为排爆人员实施现场作业时必不可少的防护用具。除排爆现场作业用的排爆服外，排爆人员还选用了搜爆服，用于对已经爆炸的现场进行搜索检查，搜爆服的组成、性能、材料与排爆服基本相同，只是为了便于排爆人员在已爆现场进行大范围的搜索活动，搜爆服的重量比排爆服轻1/3，防护能力也相应有所降低。

目前，世界上主要使用两个系列产品，即MK系列排爆（搜爆）服和EOD系列排爆（搜爆）服。MK系列排爆（搜爆）服由英国生产，具有重量轻、防护等级适当的特点，为北大西洋公约组织成员国的排爆人员广泛使用。EOD 系列排爆（搜爆）服为加拿大生产，具有重量适中、防护等级高的特点，为美国、加拿大两国及亚洲国家的排爆人员广泛使用，其生产的防化/排爆服，不仅能防护炸弹的危害，还能够防止化学毒剂沾染和毒气侵害。

（二）防爆毯

防爆毯外观为毛毯型，一般规格有 1.5m×1.5m 和 1.2m×1.2m 两种，通常由30～40层开普勒（凯夫拉）材料制成。当防爆毯盖在炸弹上时，能防止炸弹爆炸后弹片的飞散，同时减弱爆炸冲击波的杀伤力，设计抗爆能力一般在 1kg 以下 TNT（裸药）当量或国产77—1 式手榴弹 1 枚。实际应用中，由两人提起防爆毯四角，盖在爆炸物及其可疑物上。为了不影响防护效果，防爆毯应尽量与爆炸装置保留较大的空间，既不能压实更不能用防爆毯包裹爆炸装置。目前，国内最为广泛使用的是国产系列防爆毯。

（三）干扰仪

频率干扰仪通过发射大功率多频段无线电波进行无线电信号的屏蔽、覆盖，可以在排爆现场和重要目标保卫现场对遥控炸弹实施频率干扰，使犯罪分子无法引爆遥控炸弹。

现今世界上使用的频率干扰器种类很多：常用的一种是小型便携式频率干扰仪，反射功率 100W，干扰频率范围 10～500MHz，干扰半径 20～40m，主要用于对排爆现场的爆炸物及其可疑物实施干扰；另一种是大型高功率频率干扰仪，发射功率 300～500W，干扰频率 10～1000MHz，干扰半径 100～200m，一般装载在车上，用于对重要任务的随车护卫和重要设施的安全保卫；还有的是针对目前手机已经使用双频和三频的现状专门研制的干扰手机的频率干扰仪。

四、防爆储运器材

储运器材是专门用来临时储存和运输危险爆炸物的器材。多数情况下，当人们发现危险爆炸物而报案后，需要将危险爆炸物临时放入一个安全存放处，以减少在专业人员赶到处置之前可能发生爆炸而造成的损失。同时，对一些重要场所发现的危险爆炸物，如果专业人员没有把握将其就地迅速排除，为消除危险爆炸物对重要场所的威胁，就应尽快将其安全地运输到空旷处，认真详细研究后再行处理。因此，储运器材是防排爆工作中不可缺少的。目前，我国储运器材主要有固定式和车载式两种。

（一）固定式防爆罐

固定式防爆罐一般为上开口的圆筒状，由内外两层厚钢板和中间夹层装填的沙子、橡胶等防弹缓冲材料组成，内径 50～100cm，能盛装小件行李、包裹、箱包等常见物品。防爆罐能够起到减弱冲击波和弹片杀伤力的作用（见图 5－3）。固定式防爆罐的设计抗爆能力一般为 1.5～3.5kgTNT 当量。在实际使用中，防爆罐一般被固定放置在火车站口、地铁口、机场安检口、行李寄存处等重要场所，用于应急存放爆炸物。一旦检查人员在检查中发现爆炸物或可疑物，可以将其投入防爆罐，然后用防爆毯将罐盖上，如现场没有防爆毯，也可以保持罐敞口，等待专业人员赶来处置。防爆罐性能可靠，使用方便，是临时存放爆炸物的理想器材，目前已在大部分重要场所里被广泛安装。

图5－3　固定防爆罐

图5－4　车载式防爆罐

（二）车载式防爆罐（球）

车载式防爆罐（见图5－4），是供排爆人员将爆炸物或可疑物临时存放，并运至安全地点的临时运输器材。我国现采用底盘低、承重好的拖车承载固定式防爆罐。使用时将爆炸物及可疑物投入防爆罐，由牵引车牵引防爆罐车，选择平坦、通畅、两边没有稠密人口和重要建筑物的路线将爆炸物运至安全处理点处置。除车载式防爆罐外，还可使用车载式防爆球作为临时运输器材。防爆球呈球形，内空外实，由特殊工艺灌注而成。球体上有许多泄压小孔，旁边有一圆形活动门，使用时将活动门开启放入爆炸物，再将门关闭，由牵引车牵引防爆球车。车载防爆球设计合理，抗爆能力强（一般在4.5kgTNT当量以上），但操作不很方便，价格也较贵。

实训　防爆安检器材的应用

实训一　X射线透视成像系统的使用

一、实训目的

1. 进一步熟悉X射线透视成像系统的组成和原理。
2. 学会X射线透视成像系统的基本操作。
3. 学会根据颜色和形状识别违禁物品。

二、实训器材

X射线透视成像系统、模拟行李箱及违禁物品。

三、实训步骤

1. 开机前的检查。
2. 开机后检查系统运行。
3. 根据图像识别违禁物品。

实训二　手持金属探测器的使用

一、实训目的

1. 进一步熟悉手持金属探测器的组成和原理。
2. 学会手持金属探测器的基本操作。
3. 学会手检的操作步骤和基本流程。
4. 熟练掌握手检过程的礼貌用语并能够恰当使用。

二、实训器材

手持金属探测器。

三、实训步骤

1. 开机前的检查。
2. 开机后检查系统运行。
3. 手检的操作姿势、基本流程。
4. 手检的礼貌用语。
5. 手检综合练习。

实训三　排爆专用工具组与排爆杆的使用

一、实训目的

1. 进一步熟悉排爆专用工具组与排爆杆的组成和原理。
2. 学会排爆杆的基本操作。
3. 学会排爆杆的操作步骤和基本流程。
4. 熟练掌握排爆专用工具组各工具的使用环境并能够恰当使用。

二、实训器材

排爆专用工具组与排爆杆。

三、实训步骤

1. 开箱前的检查。
2. 开箱检查各部件。
3. 排爆杆的组装。
4. 排爆杆的使用。
5. 排爆专用工具组的使用练习。

实训四　机场安检综合实训

一、实训目的

1. 进一步熟悉手持金属探测器、X 光机的组成、原理。
2. 进一步熟悉手持金属探测器的基本操作。
3. 熟练掌握手检的礼貌用语、操作步骤和基本流程。
4. 培养相互协作、认真观察的工作习惯。

二、实训器材

手持金属探测器、X 射线透视成像系统、模拟行李箱及违禁物品。

三、实训步骤

1. 开机前的检查。
2. 开机后检查系统运行。
3. 手检的操作姿势、基本流程。
4. 手检的礼貌用语。
5. 综合手检练习。

要点小结

防爆安检，是指以预防和制止爆炸为主，对人身、场地、携带物品和公共场所进行的全方位的安全检查，是伴随着恐怖活动的产生而诞生的安全检查，是利用 X 射线等检测发现不同类型的爆炸物、金属武器等的检测技术，目的是预防爆炸、枪击等案件的发生。

通过严格有效的安检，可以确保党和国家领导人以及政界要员的人身安全，可以确保重要目标的安全，可以确保易于发生群体性重大事件的公共场所和人民群众的安全。

防爆安检主要采用以下三种方法进行：一般检查法、仪器检查法和动物检查法。

防爆安检检查的范围包括场地检查、人身及携带物品的检查、车辆的检查等。

防爆安检器材是防爆安检专业人员对被检查目标（人、物、场所）实施安全检查时使用的专业器材，可分为射线探测器、金属探测器、炸药探测器、电子听音器、非线性节点探测器及其他常用安检器材六大类。

防爆处置器材是防爆安检专业人员对被检查目标（人、物、场所）实施安全处置时使用的专业器材，可分为排爆专用工具组、排爆杆、液氮冷冻系统、切割器材、爆炸物摧毁器材和排爆机器人六大类。

防护器材是排爆人员在爆炸现场对人和物进行防护的专用器材，主要有排爆（搜爆）服、防爆毯、干扰仪等。

储运器材是专门用来临时储存和运输危险爆炸物的器材。储运器材是防/排爆工作不可缺少的，主要有固定式和车载式两种。

模块六　实体防护设备的应用

学习目标

1. 掌握实体防护的基本概念。
2. 了解实体防护系统的设计原则。
3. 掌握实体防护在安防系统中的作用，并认识人防、物防、技防三者的关系。
4. 认识常用的实体防护产品。
5. 熟悉常用的实体防护产品的特点及适用场合。

项目一　实体防护系统概述

安全防范系统强调人、物、技的有机结合和相互补充。实体防护又称为“物防”，源自英文 Physical Protection。实体防护（“物防”）是人类最古老的也是迄今为止仍然有效的防范手段。中国的万里长城、城郭/建筑的围墙是抵御入侵的基本设施，门及锁则是个人财产保护的重要手段。安全防范（防范人的恶意行为）的概念是从锁的使用产生的。

一、实体防护的概念

在国家标准 GB 50348《安全防范工程技术》中的实体防范，即物防，是指用于安全防范目的，能延迟风险事件发生的各种实体防护手段，包括建筑物、屏障、器具、设备、系统等。

实体防范的概念很广泛，与建筑本身及电子防范系统有密切的联系，是安全防范体系中不可缺少的组成部分。

二、实体防护设备在安防系统中的作用

在长期的实践中，实体防护设备在安防体系中的地位和作用主要表现在以下几个方面：

（一）实现安防系统的基本功能

前面介绍过，安防系统必须具备三个基本功能，即探测、延迟和反应。这些功能通常用时间来度量。安防系统的延迟功能由多种因素构成，如人防的威慑作用、技术系统的阻止警示作用等，但主要的是由物防对入侵行为的阻滞来实现的。

有效地延迟入侵活动，实体防护的作用是不可替代的。原因是其他因素的延迟作用

是可以规避的，而且，能够延迟的时间有限。实体防护设施有形（物理）的存在，不可规避、直接地阻挡和延迟入侵活动。同时，好的实体防护设施也具有威慑功能，并能对人员和财产起到直接的保护作用，如银行营业场所的防弹玻璃屏蔽，有效地隔离了公共区和要害区，保护了工作人员和财产的安全，是其他任何防范手段做不到的。

安防系统可以根据系统的总体要求，设计和设置实体防护设备（施）。例如，根据攀越时间，设计墙高；根据系统的延迟要求，规定防盗门或保险柜的防破坏等级。

以防范冲击为主要目标的系统，通常是将实体设施划分为控制区、监视区、要害区等，通过高墙、深沟和足够的距离来实现系统的延迟。

（二）技术防范的基础

在综合性安防系统中，实体防护设施与技术防范系统是密切结合的，前者是后者的基础。例如，建筑、小区的围墙除本身的防范功能外，还是周界入侵报警系统的基础。

技术系统的设计必须考虑环境因素，其中，重要的是建筑的基础设施和环境的地理条件，这些因素本身具有防范的功能，但不完善，通过技术系统的补充，可以形成完善、有效的防范系统。因此，技术系统的功能设计、设备选择都要根据这些基础条件来确定。

除上述周界入侵探测外，视频监控、出入口控制的设计和设备选择都要以实体防护设施为基础。

（三）技术防范系统的重要组成

目前，很多安防产品将物防和技防功能集为一体，实体防护已成为技术防范系统的一部分，典型的实例就是出入口控制系统。出入口控制系统中的锁定机构、联动装置主要是实体防护产品，它们决定了系统的抗冲击能力，对系统的通过率和友好性也有很大影响。目前，特殊的装置和实体结构的设计已成为出入口系统的特色和发展方向之一。同时，这些系统的设计和安装又与建筑基础设施有密切的关系。

实体防护产品本身具有很高的技术含量，其防护能力体现在抗机械力和抗技术的破坏，如防盗门和机械锁。许多实体防护产品与电子探测结合，使之除具延迟功能外，还具探测功能，是技术防范的组成部分，如带报警功能的门窗、保险柜、墙体等。随着技术和材料的发展，许多实体防护产品已从纯机械产品逐步转变为机电产品。因此，实体防护产品与电子防护产品的界限越来越模糊了，实体防护产品已成为技术防范系统的重要组成部分。

（四）降低系统成本的有效途径

安防系统的建设存在功能与经济性的选择，在实现相同功能的前提下，存在不同系统模式和产品的选择。有时，经济性会成为重要的出发点。实践证明，充分、合理地利用建筑和环境基础设施，适当地选择实体防护产品是降低系统建设成本的有效途径。

三、实体防护系统的设计原则

实体防护产品的应用不是孤立的，因此，安防系统的总体设计应包括实体防护的设计。实体防护系统的设计应遵循以下基本原则：

（一）符合系统总体设计目标

实体设施和产品是安防系统的一部分，是完成系统总体设计目标的重要因素。因此，要根据系统的总体目标，分解出对实体设施和产品的具体技术要求。

要清楚地掌握建筑基础设施的防护能力、结构状况，以此为基础条件进行系统的总体设计。

目前，两者脱离的现象比较普遍，实践中往往或对实体防护产品不提任何要求，或不考虑实体防护的条件，千篇一律地设计系统。

（二）与探测系统结合

应尽可能地将探测系统与实体防护设施结合起来，尽可能做到把探测空间提前（延伸探测区），这样实际上是延长系统的延迟时间。

（三）均衡性

实体防护系统设计主要要考虑均衡性。所谓均衡是相对的概念，就是要在各个部位都能有足够的延迟作用。

（四）纵深防护

在防范区的各个区域和部位应都采用实体防护手段来提高系统的防范功能。系统不能只有一道实体防线。

实体防护系统的设计本质上就是安全防范系统延迟功能的设计。在以实体防护为主的系统中实体是设计的核心内容。

项目二　常用实体防护产品介绍

根据上面介绍的定义，实体防护产品包括的品种很多，分类的方法也很多，本书主要对安防系统中常用的、在市场以单体形式出现的产品做简单的介绍。

一、实体防护产品的分类

实体防护产品主要分为以下几类：

实体屏障，主要指各种围栏和隔离装置；构成屏障的材料也可以归于此类，如各种安全玻璃。

安全门类，包括防盗门、金库门和防尾随门等。

保险柜类，主要是保险柜（箱）等，以及具有防护功能的展品柜、各式小型金库和提款箱。

锁具类，主要指机械防盗锁，也包括电子锁、汽车防盗锁等。

个体防护装置，主要包括能够防止弹片、爆炸、暴力冲击，保障个人生命安全的装备，如门、防弹/爆服、防弹/爆头盔等。

移动防护设备，包括防弹车、可拆卸的防护屏障等。

二、常用的实体防护产品

常用的实体防护产品主要有防盗安全门、保险柜（箱）、防盗机械锁、实体屏障等。

（一）防盗安全门

国家标准 GB 17565 指出防盗安全门是具有一定防破坏能力和装有防盗锁的门。其防护能力来自两个方面：一方面，门体能抗拒机械力破坏，防止人通过机械力破坏和实现技术的非法开启；另一方面，防盗安全门是对这种门的专业称呼，区别于普通的建筑门。

防盗安全门有三种基本结构形式：全封闭式、栅栏式和折叠式；又有外开和内开之分。

防破坏能力是防盗安全门的基本技术指标。测试时，使用规定的工具，对门进行破坏，根据完成规定的破坏内容所需要的时间判定产品的安全防护等级或是否合格。

试验方法（破坏内容）是根据防盗安全门容易被人施加破坏的部位来确定的。主要包括：一是以技术手段开启门锁，常用的方法有配备多种同型式钥匙、使用开锁工具；二是用暴力手段破坏门锁，致使门锁失效，门被开启；三是用破坏性手段打断门铰链，将门打开；四是用机械力破坏门闩，使门开启；五是用机械力在门扇上开启一个可以使人通过的洞，或者可以将手伸进去，从内部打开锁的洞。

国家标准 GB 17565 以表格方式规定了防盗安全门的防护等级（见表 6－1）。

表 6－1　防盗安全门的防盗安全级别

项目	级别			
	甲级	乙级	丙级	丁级
防破坏时间/min	≥30	≥15	≥10	≥5

金库门主要应用于银行金库、高度危险品库等部位。在结构强度上、锁具配置上及其防护要求方面远远高于防盗安全门。通常采用电子密码锁的方式，可控制开门的时间，有防突然闯进的功能。安装在地下的金库门还要有防透水功能。

防尾随门主要应用在银行营业场所、要人访客系统。防止被人跟随或胁迫。防尾随门由两个门扇和中间全封闭的通道组成，当第一个门扇开启之后，必须关闭第一个门扇才能开启第二个门扇。控制器安装在最安全区，可以控制两个门扇同时开启或关闭。防尾随门的抗冲击强度基本上与防盗安全门相同。

（二）保险柜（箱）

保险柜是人们在日常生活中广泛使用的保护财产、物品（如金钱、金银首饰、证券、文件等）的装置。按照防护功能的不同，通常分为普通保险柜、防盗保险柜、防火保险柜、专用保险柜（枪柜、危险物品柜）等。

安防系统应用的防盗保险柜基本上是一个带门的箱体，当门锁闭后，形成封闭的能抗拒各种风险（机械力冲击、火、高温和腐蚀等）的空间，保证放置其内的物品不被盗走和损害。通常采用电子密码锁和机械锁的组合方式作为锁定机构。因此，保险柜有两个重要部分决定了它的防护能力，一是柜体，必须具有一定的抗冲击强度；二是锁具，能防止非正常开启。

国家标准 GB 10409 规定了防盗保险柜的试验方法，同防盗安全门一样，均采用规定的试验工具，对防盗保险柜的锁具、柜体进行破坏性试验，根据非正常进入的净工作时间来确认防盗保险柜的防护等级或是否合格（具体见表 6－2）。

表 6－2　防盗保险柜的分类和抗破坏要求

防盗保险柜分类	抗破坏试验使用工具	破坏方式（进入方式）	净工作时间（min）
A1	普通手工工具、便携式电动工具和磨头	打开柜门或在柜门、柜体上造成 $38cm^2$ 的通孔	15
A2	普通手工工具、便携式电动工具、磨头和专用便携式电动工具	打开柜门或在柜门、柜体上造成 $38cm^2$ 的通孔	30
B1	普通手工工具、便携式电动工具、磨头、专用便携式电动工具和割炬	打开柜门或在柜门、柜体上造成 $13cm^2$ 的通孔	15
B2	普通手工工具、便携式电动工具、磨头、专用便携式电动工具和割炬	打开柜门或在柜门、柜体上造成 $13cm^2$ 的通孔	30
B3	普通手工工具、便携式电动工具、磨头、用便携式电动工具和割炬	打开柜门或在柜门、柜体上造成 $13cm^2$ 的通孔	60
C	普通手工工具、便携式电动工具、磨头、专用便携式电动工具、割炬和炸药	打开柜门或在柜门、柜体上造成 $13cm^2$ 的通孔	60

有些防盗保险柜还安装有报警装置，采用本地报警方式；有些产品装有报警通信接口，通过网络连接到本人的手机或报警中心，是一种很有前景的产品。

活动金库采用装配式结构，其内部容积一般不大于 $2m^3$，在现场进行装配，非常方便临时性的应用。

防盗保险柜是一种应用于宾馆和家庭保存贵重物品的小型箱体。产品体积小、质量轻，具有一定的防盗能力，应用时最好与墙体或地面固定连接（生根）。

银行提款箱主要用于货币、证券及票据的转移。

以上三种产品具有基本相同的功能和结构特点，属于防盗保险柜类产品，评价其防护性能的试验方法也与防盗保险柜基本相同。

（三）机械防盗锁

机械防盗锁是许多实体产品的重要组成部分，同时，也有许多独立的应用，如车锁、枪锁、挂锁等。

在实体产品和一般应用中，锁的基本功能是锁闭封闭空间的活动部件，实现空间内外的隔离。

机械锁主要有以下三种形式：

一是外装锁，锁身安装在门体内表面；二是插芯锁，锁身安装在门体中间；三是挂锁，锁身外挂在门鼻上。

机械锁的工作原理是通过钥匙带动一个拨杆做圆周活动，来拉动锁舌伸出或回缩，实现锁的闭锁与开启功能。锁芯是锁的核心部件，既是一个精密的机械装置，也是一个保密装置。其安全性越高，结构越复杂。锁芯好像是一个解码器，钥匙就是密码（载于齿形），当两者吻合（通过密码认证），锁芯的上下两排弹子排成一条直线，即可以转动，锁被开启；没钥匙或插入别的钥匙时，两排弹子不排成一线。锁芯不能转动，锁处于锁闭状态。

评价机械锁的防护性能主要有以下几点：

第一，密钥量。一种型号的锁可以形成不同钥匙的数量称为密钥量，密钥量大，锁芯的结构复杂。提高密钥量的途径有：增加锁孔（钥匙齿）的数量，增加不同长度弹子的数量（级差）。

第二，互开率。原配的钥匙可以开锁，若非原配钥匙将锁打开叫作互开。互开是由于同型钥匙间的相似性和锁具存在机械公差所致。

为减少互开率，就要提高锁的加工精度，同时，要减小相似度，增加弹子交换数也是有效的方法。

电子锁的应用越来越多，但机械锁不会被完全代替，可靠性以及低廉的价格决定了它的足够的市场占有率，机电一体化是锁具发展的方向，但要以机械锁为基础，因为实体防护系统的锁定只能采用机构装置。

（四）实体屏障

实体屏障主要指各种围栏和隔离装置，包括构成屏障的材料。

实体屏障有时被忽视了，其实它是最常用和常见的实体防护装置。有些是专门针对安防的要求构建的，如银行营业场所的防弹玻璃墙和防尾随门；虽更多是建筑功能的要求，但它也具有防护的功能，如建筑的墙体、小区的围墙等。

实体屏障的功能主要是隔离和防冲击。隔离是最有效的防护手段，物理距离可保证系统有足够的延迟时间。防冲击，屏障本身具有抗拒各种冲击（防弹、入侵、暴力）的能力，可直接保护生命、财产的安全。

一般实体屏障的防护性能可用攀越、破坏后穿越所需的时间来度量，作为计算系统延迟的基础数据；特殊类屏障则用其抗拒冲击的能力来度量，不同产品会进行不同的实验，如防弹屏障，测试它阻止弹头穿越的能力；防尾随系统，测试它防止暴力闯入的能力。

要点小结

国家标准 GB 50348《安全防范工程技术》中的实体防范，即物防，是指用于安全防范目的，能延迟风险事件发生的各种实体防护手段，包括建筑物、屏障、器具、设备、系统等。实体防护在安防系统中的作用是能实现安全防范系统的基本功能，其既是技术防范的基础也是技术防范系统的重要组成，同时还是降低系统成本的有效途径。

实体防护系统设计应遵循以下基本原则：符合系统总体设计目标、与探测系统结合、均衡性、纵深防护。

实体防护主要有防盗安全门、保险柜（箱）、防盗机械锁、实体屏障等。

模块七　其他安防子系统介绍

学习目标

1. 了解电子巡查系统的基本概念、工作原理、系统功能、管理模式、功能性要求等。
2. 熟悉电子巡查系统的分类及主要产品。
3. 了解停车场管理系统的基本概念、主要功能、功能性要求等。
4. 熟悉停车场管理系统的组成、分类及主要产品。
5. 了解一卡通系统的基本概念、特点、优势、应用。
6. 熟悉一卡通系统的分类及相关技术。

项目一　电子巡查系统介绍

一、电子巡查系统概述

（一）电子巡查系统的概念

电子巡查系统是安全防范系统的重要组成部分，也可称为电子巡更系统，是对巡查人员的巡查路线、方式及过程进行科学化、规范化管理和控制的电子系统，是安保管理中人防与技防的一种有效整合。

电子巡查系统一般应用于需要对预定的场所及部位进行定时、定点检查的场所，如智能化小区、工厂、宾馆、超市、银行、部队、医院、学校、监狱、油田等。它采用先进的高科技技术及规范化的管理，系统地安排保安人员进行周边巡逻，确保整个地区环境、人员、财产的安全。

（二）电子巡查系统的工作原理

按照系统规划，巡查点设置在巡逻路线的关键点上，巡查人员在巡逻的过程中用随身携带的信息采集器（如巡更棒）读取信息，然后按预定的线路顺序读取巡查点，在读取巡查点的过程中，如发现突发事件可随时读取事件点，信息采集器会将采集到的信息保存为一条巡逻记录，定期或实时地将记录上传到系统管理终端中。管理软件将事先设定的巡逻线路同实际的巡逻记录进行比较，就可得出巡逻漏检、误点等统计报表，通过这些报表可以真实地反映巡逻工作的实际完成情况。

（三）电子巡查系统的系统功能

传统巡查制度的落实主要依靠巡逻人员的自觉性，管理者对巡逻人员的工作质量只能做定性评估，容易使巡逻流于形式。电子巡查系统可以很好地解决这一难题，使人员管理更科学化和更准确。电子巡查系统可以指定巡查人员的巡查路线，并管理巡更点。巡查人员携带信息采集器按照预定的路线和时间到达巡更点，进行信息采集，并将记录的信息传送到系统管理终端中。管理人员可以查阅、打印巡查人员的工作情况，帮助管理者了解巡查人员的表现，从而加强对人员的管理。

电子巡查系统是在防范区域内，按程序设定路径上的巡更开关或读卡器，使巡查人员能够按照预定的顺序对小区内各区域及重要部位进行安全巡视和巡更点确认，可以实现不留任何死角的小区巡更网络，同时还可以保障巡逻人员的安全。

管理人员还可通过软件随时更改巡逻路线，以配合不同场合的需要。

二、电子巡查系统的分类

根据巡查信息传送到系统管理终端的方式，电子巡查系统的模式可分为离线式和在线式两大类。

（一）离线式电子巡查系统

离线式电子巡查系统也称为无线巡查系统，巡查人员在巡逻过程中采集到的巡查信息不能即时传输到系统终端，需通过数据载体输入系统管理终端，该系统的前端设备与系统管理中心之间无须线缆连接，即该系统无须布线。离线式电子巡更系统由信息装置、采集装置、信息转换装置、管理终端等部分构成，如图 7 - 1 所示。

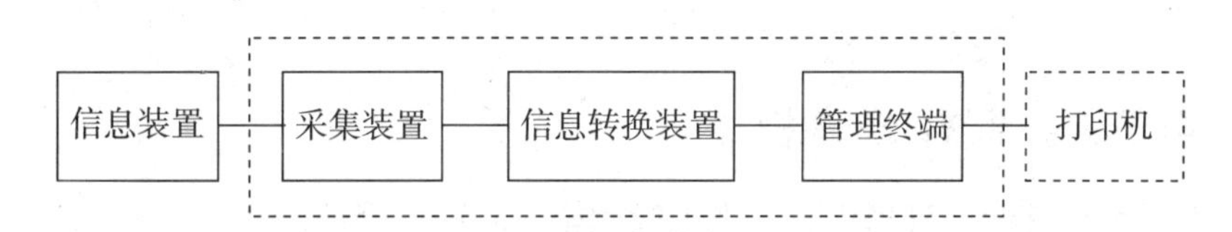

图 7 - 1　离线式电子巡查系统组成图

注 **1**：图中大虚线框表示其中的设备可以是一体化设备，也可以是部分设备的组合（下同）。

注 **2**：图中小虚线框中的打印机表示属于可选设备（下同）。

优点：离线式系统结构简单，无须布线，易携带，操作方便，性能可靠，不受温度、湿度、范围的影响，系统扩容、线路变更容易且价格低，又不宜被破坏。由于离线式电子巡查系统是无线式的，巡更点与管理监控中心没有距离限制，应用场所灵活。

缺点：由于信息传送方式的限制，离线式电子巡查系统只能对巡查人员、路线、方式、时间进行事先的设定，并在巡查完成后对采集的信息进行分析统计，而不能对巡查人员的巡查过程进行实时的监控和管理（如有对讲机，可适当避免这一缺点），适合于程序化、规范化的过程管理。

（二）在线式电子巡查系统

系统的前端信息标志设备通过有线或无线方式与系统管理终端联网进行数据传递。常用的通信方式是 RS - 485 总线，也可通过以太网、电话线传输数据。与出入口控制系统集成的电子巡查系统，可共享传输资源。在线式电子巡查系统可以实时地将巡查人员的巡查信息传输到管理终端。

系统的前端标志设备可以是一个简单的按键，也可以是复杂的特征读取设备，当确认巡查到达时，将人员、时间信息及设备的地理信息一起传送至系统管理终端。系统可以没有数据载体，由人来触发前端设备，也可利用一个数据载体来标识巡查人员的身份。在线式电子巡查系统由识别物、识读装置、传输部分、管理终端等部分构成，如图 7 - 2 所示。

图 7 - 2　在线式电子巡查系统组成图

优点：在线式电子巡查系统实时性好，不仅具有离线式系统的功能（监控、记录巡查信息，用于事后统计分析），还能够实时地监控正在进行的巡查过程，及时发现问题，并发出报警信息。这种实时监管方式可以及时发现和纠正不规范的巡查活动，防止人员的失职、失误，还能及时发现巡查人员在巡查过程中出现的危险，如劫持、伤害等突发事件，从而保障人员安全。

缺点：在线式电子巡查系统结构较复杂、施工量大、成本高，室外安装传输线路易遭人为破坏，对于装修好的建筑再配置在线式巡查系统更加困难，也容易受温度、湿度、布线范围的影响，安装维护也比较麻烦。该系统适用于对实时性要求高的大型综合性系统。

三、电子巡查系统的管理模式

电子巡查系统有两种管理模式：本地管理模式和联网管理模式。

（一）本地管理模式

通过信号转换装置或识读装置将巡查信息传送到本地管理终端进行系统管理，如图 7 - 3 所示。

（二）联网管理模式

通过网络或电话线将巡查信息传送到远端的管理中心，根据操作权限实现多点操作，如图 7 - 4 所示。

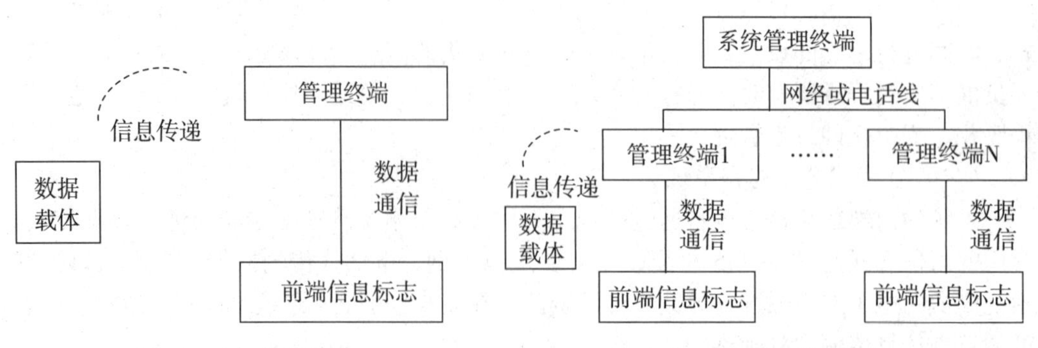

图 7 - 3　本地管理模式　　**图 7 - 4　联网管理模式**

四、电子巡查系统的主要产品

从电子巡查系统的模式可以看出，电子巡查系统的主要产品有前端信息标志设备、数据载体、系统管理终端和系统软件等。

（一）前端信息标志设备

这是安装于巡查路线上的信息采集点，标识地址和时间信息的设备。常见的产品形式有：

1. 信息键。信息键由巡查人员触发后，向系统管理终端发送其地理信息。这种设备不能识别人员身份，时间信息由系统产生。这是最简单的在线方式。

2. 信息插座。当巡查人员将信息采集器与信息插座相连时（两者相互配套使用），生成时间和地点信息，存储在信息采集器中。这是一种离线方式，也不具有身份识别能力。最常见的是接触式信息钮如图 7 –5 所示，它体积小，方便安装。

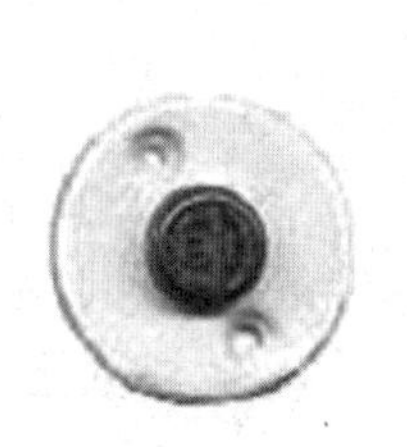

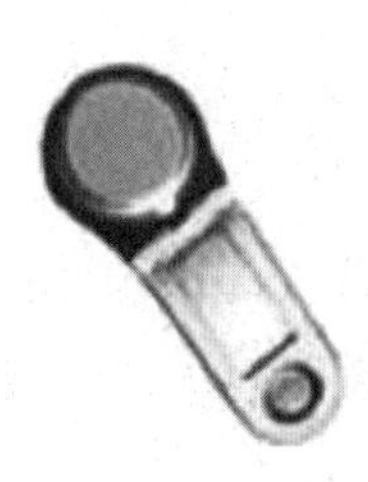

图 7 –5　接触式信息钮

图 7 –6　射频读卡器

3. 特征识读装置。特征识别装置通过对巡查人员所持特征载体的识读确认其身份，并将人员、地点、时间等信息传送到系统管理终端。特征读取装置要与特征载体对应。如采用 RFID 作为特征载体，识读设备就是射频读卡器，如图 7 –6 所示。

（二）数据载体

对于离线式系统，它是数据传送的媒介。常见的产品形式有以下几种：

1. 信息采集器。信息采集器内置识读电路和存储单元等，用于采集、存储巡查信息。巡查信息包含时间、地点及人员信息。信息采集器常作成棒状，以方便携带使用，具有一定的防水、防尘能力。

信息采集器是离线式系统的设备，它通过通信接口与信息转换装置连接到系统管理终端，实现信号转换及通信。RS –232 接口是最常用的通信接口，如图 7 –7 所示。

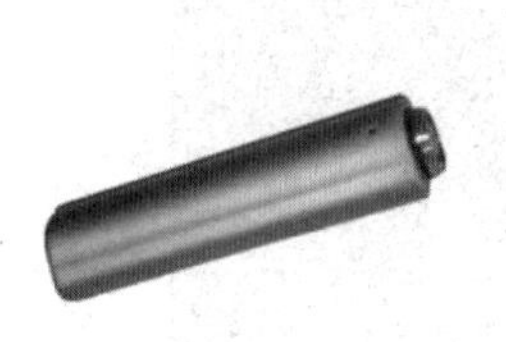

图 7 –7　信息采集器

2. 特征载体。在在线式电子巡查系统中，现场识读装置通过对特征载体的识别来判断巡查人员的身份及是否到达。最常用的是 IC 卡。

识别方式通常分为编码识别方式和特征识别方式。感应式 ID 卡、信息钮都是常见的编码识别载体，如图 7－8 所示；指纹等生物特征信息属于特征识别载体，如图 7－9 所示。

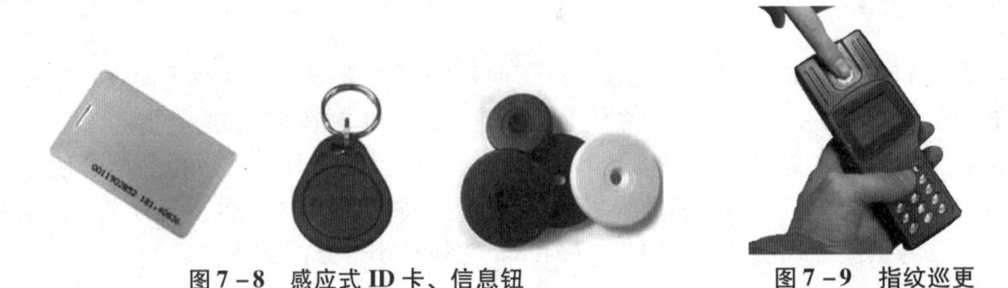

图 7－8　感应式 ID 卡、信息钮　　**图 7－9　指纹巡更**

（三）系统管理终端

系统管理终端的基本功能是对巡查信息进行搜集、存储、显示，并进行后期分析和统计等。

离线式电子巡查系统的管理终端可以是一个专用的设备，也可以由信息转换装置、PC 机及管理软件组成，负责系统基本设置、统计巡查事件、生成数据报表等功能，是电子巡查系统的管理中心。

在线式电子巡查系统的管理终端，除具有离线式电子巡查系统的基本功能外，还可以实时监控巡查过程，及时发现问题并报警，常与出入口控制系统的管理器集成为一体。

（四）系统软件

软件是电子巡更系统的重要组成部分，特别是在线式系统，与其他系统的集成主要是通过软件来实现的，如图 7－10 所示。

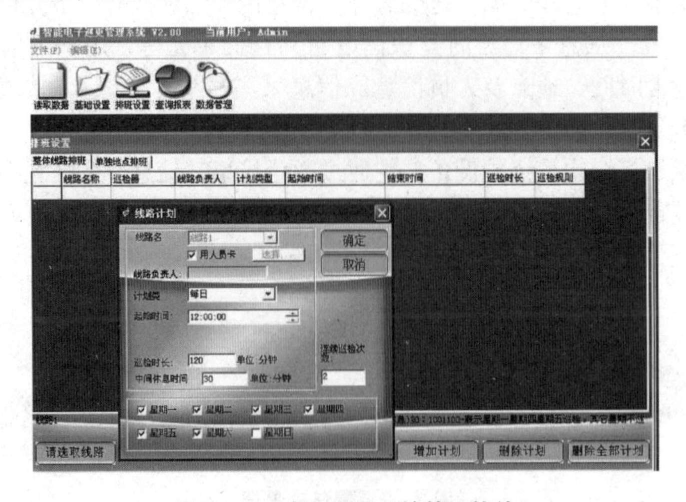

图 7－10　电子巡更系统管理软件

系统的安全管理是系统软件的最重要功能。系统软件要能保证存储信息的完整性，并不能被删除、修改。通过系统的自动分析和统计功能，自动生成相应的报表。系统可以对巡查人员的巡查工作给出正确的评价，并能及时发现问题。系统的管理和使用要有权限设置，通过身份认证来控制系统的使用。

五、电子巡查系统的功能性要求

系统的功能性要求是系统设计和验收的基本依据，电子巡查系统的功能性要求主要包括硬件和软件两个方面。

（一）硬件的功能性要求

1. 巡查信息采集。巡查人员通过巡查地点时，按正常方式操作，采集装置或识读装置应采集到巡查信息，包括人员、时间、地点及状态（是否被胁迫）。采集装置应具有防复读功能。

2. 巡查信息存储。离线式系统的信息采集器应具有信息存储能力，通常存储不少于4000条的巡查信息，在更换电池或掉电时，所存储的巡查信息不应丢失，保存时间不少于10天。

在线式系统的识读装置也应具有信息暂存功能，存储容量由产品标准规定，并能与系统管理终端进行实时通信。

系统管理终端应具有足够的信息存储能力，并可进行数据的分析和统计，系统的巡查信息在系统管理终端中应保存不少于30天或达到用户的要求。

3. 识读响应。采集装置或识读装置在识读信息时应有声、光或震动等提示，响应时间应小于1s。采集装置或识读装置采用非接触方式的识读距离应大于2cm。

在线式电子巡查系统采用本地管理模式时，现场巡查信息传输到管理终端的响应时间不应大于5s；采用电话网管理模式时，现场巡查信息传输到管理终端的响应时间不应大于20s。

4. 传输故障监测。电子巡查系统在传输数据时如发生传送中断或传送失败等故障应有提示信息。

5. 数据输出。采集装置或识读装置内的巡查信息应能直接输出打印或通过信息转换装置下载到管理终端输出打印。

6. 校时与计时。系统管理终端应能通过授权或自动方式对采集装置或识读装置进行校时；采集装置或识读装置计时误差每天应小于10s；管理终端应每天对采集装置或识读装置进行校时。

（二）软件的功能性要求

1. 基本要求。系统软件应采用中文界面；应根据管理终端的配置选择相应的通信协议及其接口；应设置登录和操作权限；应有操作日志；系统更新（升级）时，应保留并维持原有的参数（如操作权限、密码、预设功能等）、巡查记录、操作日志等信息。

对在线式电子巡查系统，应能通过管理终端向各识读装置发出自检查询信号，并显示正常或故障的设备编号或代码。

软件应能编制巡查计划。除能设置多条不同的巡查路线外，也应能对预定的巡查区域、路线进行巡查时间、地点、人员等信息设置，并校时。

系统巡查信息在管理终端中应保持不少于30天。

2. 巡查记录。系统应对正常和异常记录（迟到、早到、漏检、错巡、人员班次错误等）信息进行记录，每天巡查记录应准确反映时间、地点、人员信息。

3. 查询统计。在授权下，可按时间、地点、路线、区域、人员、班次等方式对巡查记录做查询、统计，也可按专项要求（迟到、早到、错巡或系统故障等）对巡查记录进行查询、统计。

4. 脱机和联机。在线式电子巡查系统在管理终端关机、故障或通信中断时，识读装置应能独立实现对该点巡查信息的记录；当管理终端开机、故障修复或通信恢复后能自动将巡查信息传送到管理终端。

5. 报警。在线式电子巡查系统应具有报警功能，当下列情况出现时，管理终端应能发出报警信号：

（1）在巡查计划时间内，没有收到巡查信息及收到不符合巡查计划的巡查信息应有报警显示；

（2）收到设备故障或不正常报告应有报警显示；

（3）收到巡查人员发生意外时应能发出紧急报警信息。

项目二　停车场管理系统介绍

一、停车场管理系统概述

随着国民经济的发展，机动车数量迅速增长，机动车的动态平衡与静态管理已成为许多专家学者重点研究的新课题。为了保证车辆安全和交通方便，迫切需要采用自动化程度高、方便快捷的停车场自动管理系统，以提高停车场管理水平。近年来，我国停车场管理技术已经逐渐走向成熟，停车场管理正向大型化、复杂化、高技术化和智能化方向发展。停车场管理系统是安防的重要内容，已成为智能楼宇的一个重要子系统，并且正与其他子系统进一步高度集成。

（一）停车场管理系统的概念

停车场管理系统是对进、出停车场（库）的车辆自动进行登录、出入认证、监控和管理的电子系统或网络，其目的是对车辆进行有效的管理和控制，并进行自动计费管理。

（二）停车场管理系统的分类

停车场管理系统可以从不同的角度进行分类。按系统功能齐全性可分为简易停车场管理系统、标准停车场管理系统、车牌识别型管理系统；按设备结构和停车位置可分为空地停车场、室外地下停车场、室内地下停车场、立体停车场等；按所在环境不同可分为内部停车场管理系统和公用停车场管理系统；按系统功能可分为不计费停车场管理系统、计费停车场管理系统；按系统管理的入/出口数量和管理层次可分为单口停车场管理系统、单区多口停车场管理系统、多区多口停车场管理系统；按特征识别方式可分为定义识别（编码信息识别）、模式识别（图形识别）；按系统的网络结构模式可分为前置型和联网型。

不同的系统类型对应不同的功能要求和设计要求，下面以系统的网络结构模式为基础进行说明。

1. 前置型。系统所有的功能都在入、出口处完成。前端控制单元就是系统的管理器，即系统没有中心管理器。它适合于单口系统或单区多口系统，各出入口之间没有任何线缆连接，独立进行数据读取、识别、鉴权和控制的功能。

前置型系统可以采用统一的识别技术，通过统一的授权和各设备间的校时管理实现各出入口的统一管理。利用 IC 卡也可以实现计费功能，车辆进入时将时间写入卡中，车辆驶出时根据出入时间差计算出应收费值。

2. 联网型。各前端控制单元通过网络连接到系统中心管理器进行统一管理。停车场的大部分功能，特别是多口、多区间的分级管理由系统中心管理器实现。系统通常由中心管理软件进行统一授权、计费、信息存储和信息发布等。联网型系统适用于高安全要求的大型系统。

联网型系统可以对区、口设置不同的安全级别，可以对管理对象设置不同的权限，在不同的区或口采用不同安全要求的识别装置和执行机构。

联网型系统还可以实现多个停车场的统一管理，采用一卡通实行统一的收费管理。

（三）停车场管理系统的主要功能

停车场管理系统的主要功能是泊车与管理收费。

1. 泊车。由管理系统的车位引导系统来辅助控制车辆的进入、合理停放、方便迅速地驶离，从而实现科学合理地管理车辆的进出和停放。

2. 管理收费。由管理系统的收费软件来提供简便、迅速的收费功能，并可以随时读取、打印数据，从而实现有效管理和获得更好的经济效益。

二、停车场管理系统的组成

停车场管理系统主要由入口/出口控制、库（场）内监控、中央管理/控制等部分组成，如图 7－11 所示。

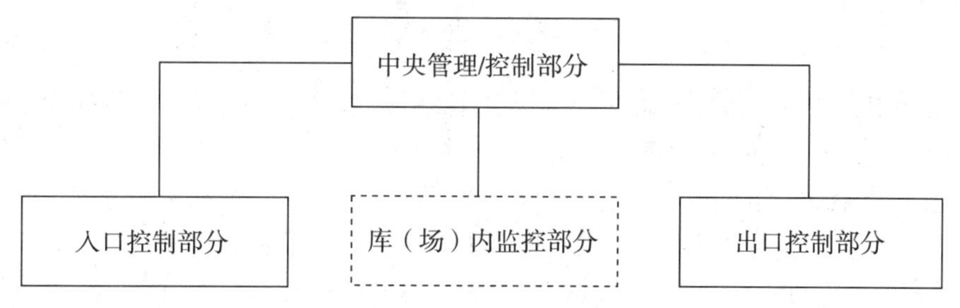

图 7－11　停车场管理系统组成图

（一）入口控制部分

停车场管理系统的入口控制部分由数据识读装置、前端控制单元和执行机构三部分组成，如图 7－12 所示。一个典型的入口控制部分的效果图如图 7－13 所示，其主要设备包括地下感应线圈、闸门机、感应式阅读器、入口电子显示屏、摄像机等。

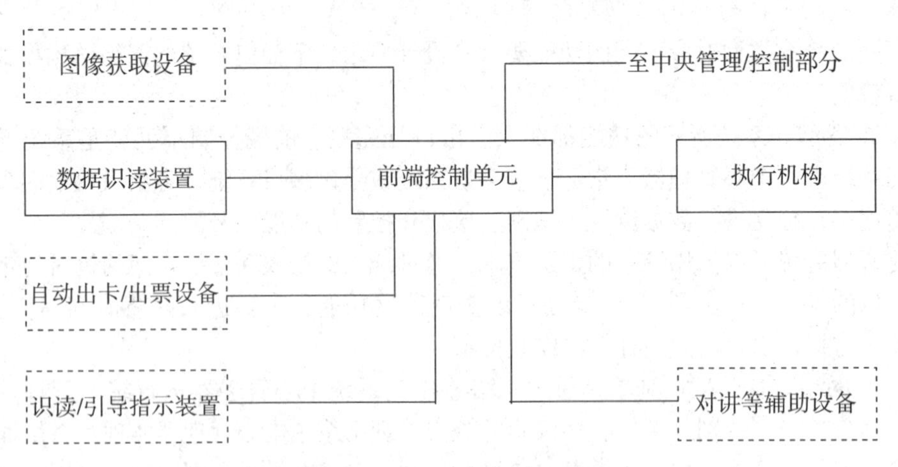

图 7－12　入口控制部分组成图

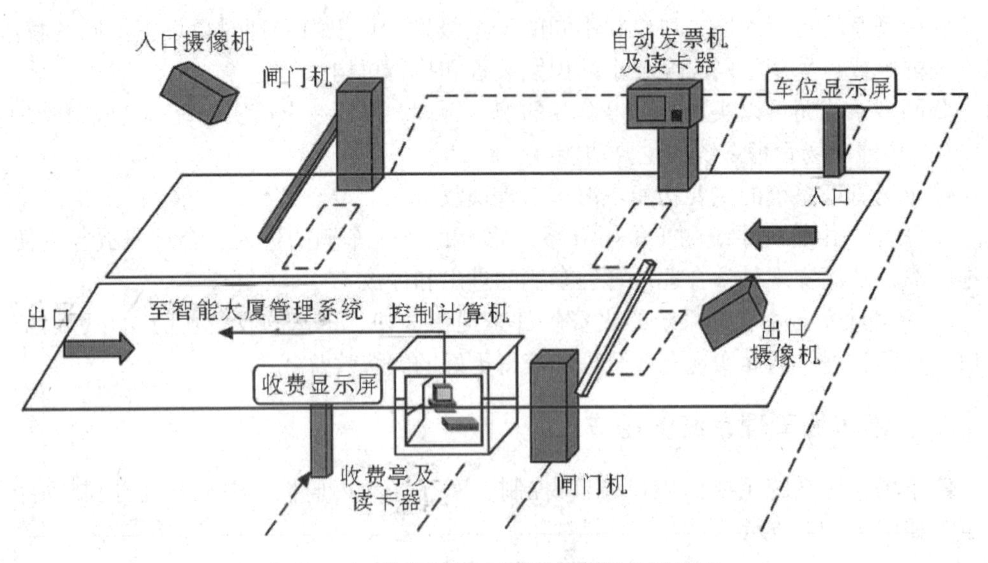

图 7－13　停车场入口/出口控制部分效果图

1. 数据识读装置，也称特征识读装置。其功能是实现对车辆、驾驶员、或车与驾驶员的身份认证。最常用的特征载体是射频感应卡（如图 7－14 所示），通过读取其内置编码信息来识别车辆或人的身份及权限。采用图像技术自动识别车辆号牌也是常用的特征识别方式。可采用单一识别方式，也可采用两种以上识别方式来提高系统识别率。

根据安全要求可以选择车或驾驶员作为识别对象，也可对两者进行同一性认证，以提高系统的可靠性。

遥控型的数据识读装置须有车辆探测装置配合。当车辆到达识读区时，探测装置产生探测信号，识读装置发出的射频辐射激活数据载体进行特征读取。

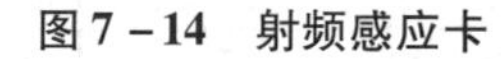

图 7 – 14　射频感应卡

图 7 – 15　电动栏杆机

2. 前端控制单元。停车场管理系统的数据处理和执行机构控制都应在前端控制单元完成。前端控制单元接收识读装置传送的对象身份信息，经处理、比对和分析，确认其身份和权限后，向执行机构发出相应的指令。对合法请求的车辆予以放行，拒绝非法请求。除执行机构产生相应动作外，系统还应有识别结果和控制状态的提示信号，如语音提示或 LED 显示屏显示等。

当有临时车辆（没有数据载体的）进入停车场时，入口处应设置自动出卡设备。通常采用摄像机采集车牌号图像，以作自动识别用。

3. 执行机构。通常是根据车辆识别结果执行相应操作的机构，一般不具有抗冲击的能力。电动栏杆机是应用最为广泛的停车场出入口执行机构，如图 7 – 15 所示。

对于要求有防冲击能力的系统，组成装置要能抗拒一定质量、一定速度的车辆的冲击，并能有效阻止其通过，如升降式阻车桩，如图 7 – 16 所示。

执行机构受前端控制单元的控制，还应有配套设施，如车辆位置探测装置（红外光闸，如图 7 – 17 所示），以防止误挡、误砸车辆等事故的发生。

图 7 – 16　升降式阻车桩

图 7 – 17　红外光闸

入口处的工作流程，如图 7 – 18 所示。

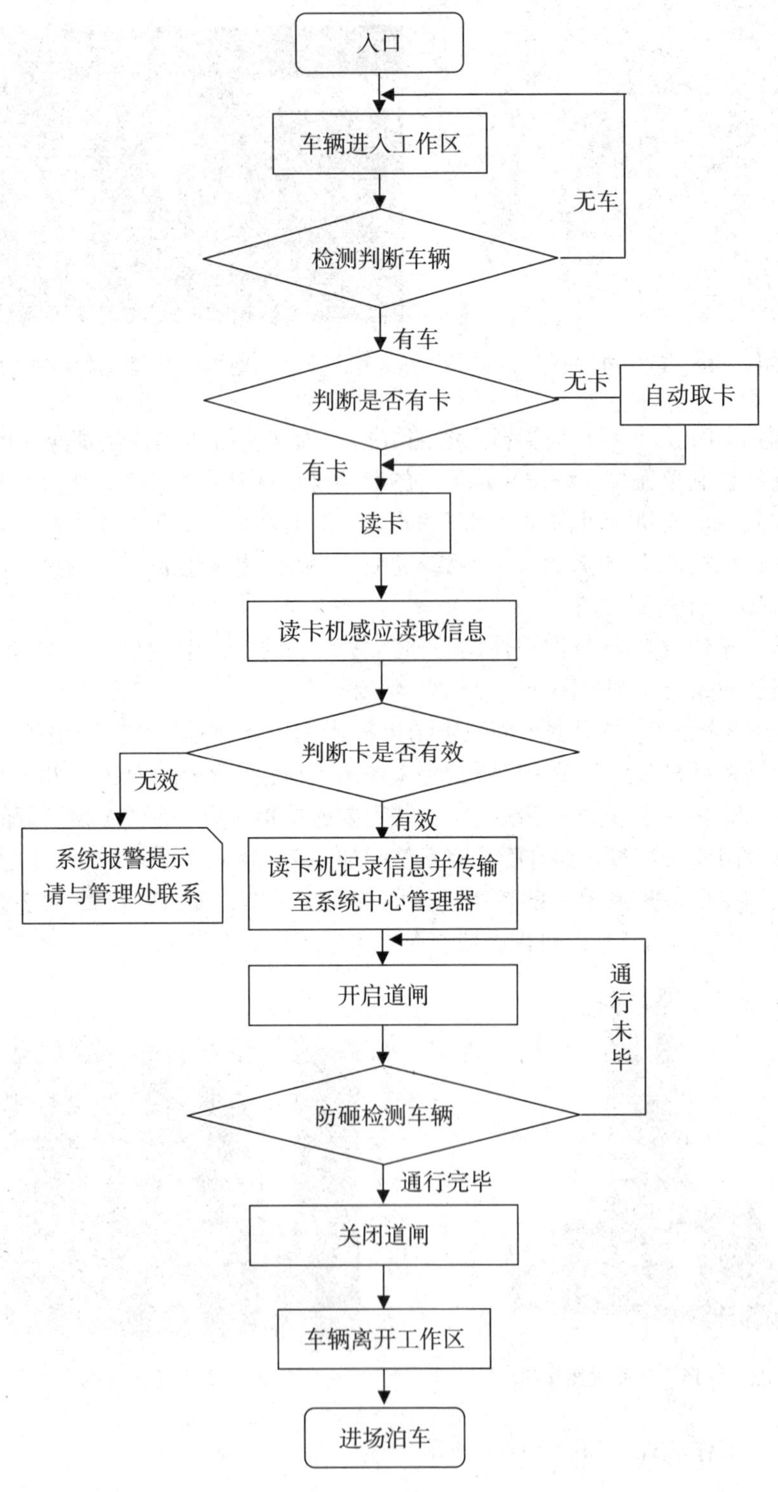

图 7-18　入口处的工作流程

（二）出口控制部分

停车场管理系统的出口控制部分的设备组成与入口部分基本相同，也是由数据识读装置、前端控制单元和执行机构三部分组成，如图 7 – 19 所示。一个典型的出口控制部分效果图如图 7 – 13 所示，其主要设备包括地下感应线圈、闸门机、感应式阅读器、出口电子显示屏、自动计价收银机、摄像机等。出口处的工作流程如图 7 – 20 所示。

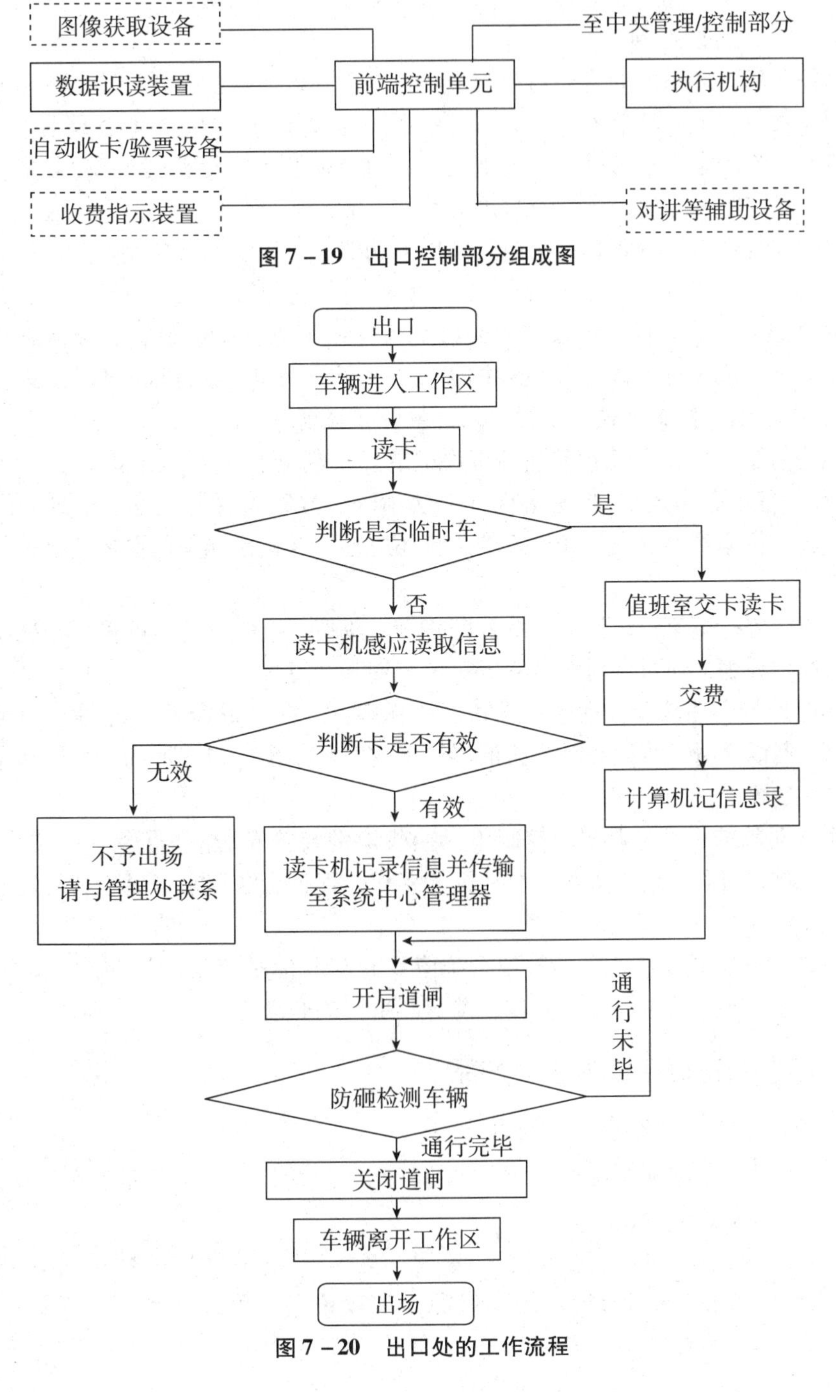

图 7 – 19　出口控制部分组成图

图 7 – 20　出口处的工作流程

（三）库（场）内监控部分

库（场）内监控部分一般由车辆引导装置、视频监控系统、电子巡查系统、紧急报警系统等组成，可根据安防管理需要选用相应系统。如在安全要求比较高的场所，应设置视频监控系统，对停车场的入/出口处、行车道与停车区域进行实时监控。监控中心与系统管理中心设置在一起，监控系统应具有一定的信息存储能力，以备事后查证。如要求有图形识别功能，还应建立专门的系统，设置专门的摄像机。

（四）中心管理/控制部分

这是停车场管理系统的管理与控制中心。由于系统结构的不同，功能的不同，系统中心管理设备的形式和功能差别很大。有些系统的大部分功能由中心管理器来实现，前端控制单元承担的很少；另一些系统则反之，由前端控制单元实现大部分功能，系统中心管理器仅具有数据存储、统计及日志等功能。

典型的综合性停车场管理系统应具备以下功能，可以由前端控制单元和中心管理器共同来实现。

1. 系统设置。停车场管理系统的人机交互界面可进行系统设置。包括对软件自身的参数和状态设置、对工作人员权限的设置、对出入车辆或人员的权限设置、对不同入/出口工作流程及控制方式的设置、系统备份和修复等。

2. 信息存储统计。信息存储包括事件记录（车辆出入时间、出入口等）、工作记录（系统设置、登录操作等）、报警事件（非法请求、强闯等）等。存储信息应能自动生成相关报表、打印输出。有视频监控的系统还应存储与记录相关的图像信息，特别是报警事件。

数据统计包括车流量统计、系统故障查询、收费状况统计等，并可以根据统计数据自动生成各种报表，还可以对统计数据进行查询和结算。

3. 实时监控。该功能包括监控设备的工作模式、工作状况和情况等。如当有车辆进入、读卡器读卡时，可以在计算机的屏幕上实时显示出入口车辆的卡号、状态、时间和车主的信息等。

4. 出入对象的识别与鉴权。控制单元接收识别装置发送的信息，并与数据库中的信息进行比对，由此对请求对象进行认证和鉴权，保证合法请求可以顺利通过，拒绝非法请求，准确计费。

5. 与其他系统联动。停车场管理系统应具有与其他系统集成的功能，如实现与门禁、电子巡查、入侵报警、视频监控、消防等系统的联动。

三、停车场管理系统的主要产品

（一）停车场管理系统的前端设备

停车场管理系统的前端设备是最主要的产品，包括数据识读设备、车辆检测设备、执行设备、现场信息显示设备等。

1. 数据识读设备，即特征识读装置。射频 IC 卡是最常用的数据特征载体，如图 7 - 21所示。如采用3 ~ 8m的远距离有源卡识读设备，可以实现不停车识别和计费管理。

图 7 - 21 射频 IC 卡

图 7 - 22 入出口控制机

为满足临时车辆出入的要求，入/出口处应设置出卡机和收卡机等设备（如图 7 - 22 所示)，其内置识读设备，出卡或收卡的同时完成读卡操作，适用于无人值守的入/出口。出口机通常具有对讲功能，可与值班人员通话。收卡机在收卡时，先自动读卡，判断卡的有效性及类别，再自动收卡，或者将不符合规定的卡自动退出。

在安全性要求较高的场所，可以采用两种识别装置来防止系统的误识，或者进行车与驾驶员的同一性认证。图像识别系统是一种先进的车辆综合识别技术（IC 卡 + 图像识别)，具有高效、准确、安全、可靠的特点，极大地提高了停车场的管理水平。

2. 车辆探测设备。停车场管理系统中的常用探测设备主要有以下两项功能:

(1) 探测车辆是否到达识读区，以便开始数据交换，设备设置在距识读装置适当距离的地方，探测信号产生在识读前。

(2) 探测车辆通过执行机构的位置，控制其正确的动作，防止误挡、误砸车辆现象的发生，设备应安装在执行机构附近，探测信号产生在识读后。

同时，车辆探测设备还应具有车辆的计数功能。

常用的车辆探测设备有环路探测器和红外光闸。

环路探测器，即地感线圈（如图 7 - 23 所示)，用电缆或绝缘电线做成环形，埋在出入口车路地坪下。其工作时，线圈与内部电路构成 LC 回路振荡器。当车辆通过时，车辆上的金属靠近线圈，改变了 L（电感）值，使振荡器频率发生变化，环路探测器的内部电路检测到这种变化，输出有车辆通过的信号。安装时应注意不能碰触其他金属物体，并在距其 0.5m 的平面范围内不能有其他金属物，且相邻线圈边缘相距至少超过 30cm 以上。地感线圈可以实现上述两项功能，准确性高，大部分停车场都采用环形感应线圈检测方式。

图 7 - 23 地感线圈

红外光闸，即主动红外探测器，在水平方向上相对设置红外线发、收装置。当车辆通过时，红外光线被遮断，探测器输出车辆通过的信号（如图 7－24 所示）。它主要用于防止车辆被误挡、误砸和对车辆计数。安装时应注意受光器不能受到照明光线的直射。优点是设备简单、安装方便，缺点是容易产生误探测。也有被动红外探测器用于车辆探测的实例，因误探测率高，较少使用。

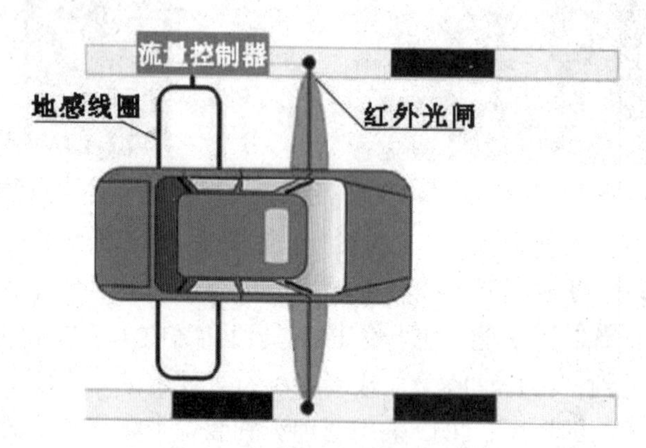

图 7－24　红外光闸、地感线圈效果图

（3）执行设备，即道闸。常用的有三种，即直杆形、折杆形和栅栏形（如图 7－25 所示），起到车辆放行或禁止的指示作用。根据系统要求，可以具有一定的防冲击能力，如升降式阻车桩（图 7－16）。执行设备应与车辆探测装置配合使用，以防止误动作的发生。

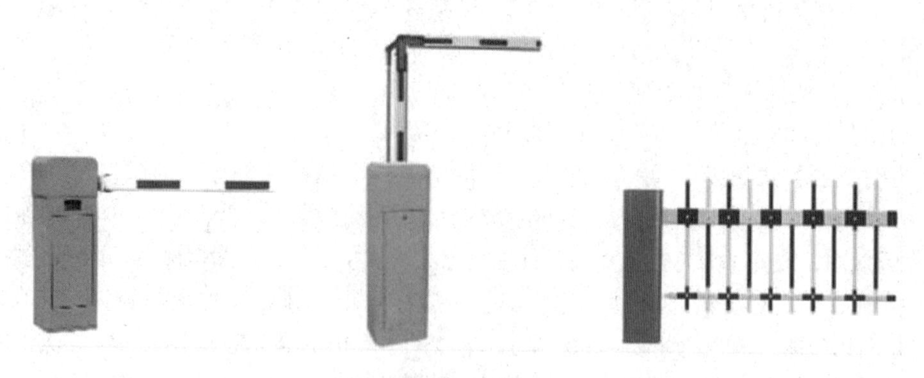

图 7－25　道闸

（4）现场信息显示设备。提供信息服务的装置，显示的信息包括放行/禁止指示、收费金额、车位状况及引导信息等。LED 显示器是最常用的设备（如图 7－26 所示）。信息显示设备还可包括语音设备。

图 7－26　LED 显示器

2. 系统控制器和管理软件。这是停车场管理系统的核心，包括前端控制单元和中心管理器。

（1）前端控制单元。前端控制器又称现场控制器，通常安装在入/出口装置中，与现场识读设备和执行设备相连接。控制器可存储该入/出口可通行对象的权限、控制模式及现场事件等信息。

（2）中心管理器。中心管理器是联网型系统的核心设备，其功能主要由系统软件实现。在大型综合性系统中，停车场系统中心管理器一般不独立存在，通常与其他系统集成为一体，共享一个统一的管理平台。

（3）管理软件。软件是智能化系统的重要产品，是决定系统智能化水平的关键。通常停车场管理系统的系统软件应具有如下功能：

1）采用先进的计算机模拟控制系统，自动化程度高，使用简洁，界面友好，操作简便。

2）具有严格的权限管理策略，使各级操作者责权分明。

3）根据需要能够灵活地增删和改进系统功能，系统适应性强。

4）根据车辆停车时间、车型及收费标准，系统可自动计费，且可查询收费记录，当发现错误计费时，可人工干预，重新计费。

5）对丢卡用户，可查询、登记、比对数据库记录。

6）具有完善的数据记录和统计功能，可自动生成和打印各类报表（财务报表、工作报表、工作日志等），提高了系统的水平和效率。

四、停车场管理系统的功能性要求

停车场管理系统的基本功能有车辆识别、状态控制与报警、计费、信息显示、信息存储、系统监控、安全管理等，具体要求如下：

1. 车辆识别。车辆识别是系统的基本功能。可通过车辆识别装置，识别车辆的编码信息。通常与车辆探测结合在一起，确定车辆位置，识别车辆特征。对识读结果采用适当的声、光方式进行提（显）示，并控制执行机构产生相应的动作。

2. 挡车与报警。挡车是停车场管理系统的基本状态控制，放行合法请求车辆，阻挡非法请求车辆，是系统具有安防功能的标志。挡车装置应具有一定的抗冲击强度，如有必要，应设置专门的高强度阻车装置。挡车装置应具有防砸车功能，阻车装置要能防误启动，以避免发生意外。阻车装置应具有应急开启功能，在停电或系统不能正常工作时，应可以手动开启和关闭。

系统对强闯和失效卡车辆应发出报警，并防止车辆重入、重出，防止车辆利用同一车辆身份编码信息多次进出停车场。

3. 计费。停车场管理系统应能设定、计算和管理停车费用。多出入口计费系统应是联网型系统，也可以与其他系统集成，如与物业管理系统、门禁管理系统、消费系统等集成。

4. 信息显示。停车场管理系统应能显示服务信息，如系统状态（操作与结果、出入准许、发生事件等）、服务信息（车位、天气、附近道路状况等）等。

5. 信息存储。停车场管理系统应保存在场车辆信息，包括车辆、车主、出/入场时间等信息，保存时间≥1 年，临时出入车辆信息的保存时间可酌情规定。具有图形功能的系统，应保存出/入车辆图片信息，保存时间≥15 天。为便于对图像进行比对，应在同一画面上显示车辆的出、入图片，出/入场车辆图形分辨率不低于 352 像素 ×288 像素。具有车辆自动识别功能的系统，应将车辆图像与识别号牌一起记录。停车场管理系统必须具有事件记录功能，包括对出入事件、操作事件、报警事件及相应处理措施等的存储。

6. 系统监控，即对停车场管理系统自身状态的监控。系统应定期进行自检，每次自检时间≤10s；自检内容包括出/入口控制单元状态、挡车装置状态、网络状态等。当出现异常时，应有声、光提示报警。对异常开启时间能实时报警，记录异常开启的发生时间、出/入通道号、操作员等信息，并上传到中心管理器。

7. 安全管理。安全管理是系统管理的重要内容，包括以下两点：

（1）权限管理。对系统操作（管理）员的授权和登录进行管理，应设定操作权限，使不同级别的人员对系统具有不同的操作能力。

（2）事件查询、报表生成的管理。经授权的操作员可对授权范围内的事件进行检索、显示/打印、生成报表。

8. 其他。为保证系统正常运行，还应采用的措施有以下三点：

（1）脱机运行功能。当中心管理器或网络出现故障时，前端设备可独立工作，控制车辆的出入。

（2）备用电源。系统停电后，应自动切换至备用电源，并能维持系统正常运行不少于 15min。

（3）对讲系统功能。使车辆驾驶员能和操作（管理）员进行及时有效的沟通。

项目三　一卡通系统介绍

一、一卡通系统概述

随着社会的发展、科技的进步，各种各样的卡在人类的生活工作中扮演着越来越重要的角色，如借阅卡、储蓄卡、购物卡、工作卡等，这些卡方便了人们的生活。但是，随着卡的层出不穷，在一定程度上，它又变成了累赘，而“一卡通”就成为必然的发展趋势。

一卡通系统集射频技术、智能卡应用技术、计算机网络技术、自动控制技术于一体，使用户可以用同一张卡实现不同的管理功能，一张卡上通行多种设备，可以只携带一张卡就实现多种用途，减少携带多张卡片的麻烦，从而深受用户的青睐，具有广阔的开发前景。

一卡通系统本质上是一套由识别卡、器具（读卡机、收费机、控制器等）和管理软件所组成的特殊信息管理系统。其核心内容是利用卡片这种特定的物理媒介，实现从业务数据的生成、采集、传输到汇总、分析的信息资源管理的规范化和自动化。一卡通系统广泛应用于城市公共交通、高速公路自动收费、智能大厦、公共收费、智能小区物业管理、考勤门禁管理、校园和厂区等一卡通系统中。

1. 一卡通系统的特点。一卡通系统的突出特点是一卡、一库、一网，即一条网络线连接一个数据库，通过一个综合性的软件实现设置 IC 卡、管理、查询等功能，实现整个系统的“一卡通”。

（1）一卡：用户使用同一张卡能实现不同的管理功能。

（2）一库：同一个软件、同一个数据库内实现卡的发放、注销、挂失、资料查询等。

（3）一网：使用统一的网络。系统将多种不同的设备连接到内部局域网或 Internet 网中，借助这个统一的网络与系统管理中心进行通信，实现集中授权、统一管理。

一卡通系统最根本的需求是信息共享、集中控制，因此系统的设计不是各单个功能的简单组合，应从统一网络平台、统一数据库、统一的身份认证体系、数据传输安全、各类管理系统接口、异常处理等总体设计考虑，使各管理系统、各读卡终端设备综合性能的智能化达到最佳。

2. 一卡通系统的优势。

（1）连通性：数据集中处理，一线完成。各局部系统和终端可自动将数据上传，基于统一的数据库实现数据的全面检索、汇总、统计、管理和决策，更可实现跨部门、跨地区的管理，实现数据全局共享。

（2）可扩展性：系统具备超强扩展性，可减少重复性设备投资，降低成本。系统可根据需求，扩展设备、扩展功能和系统升级等，如可选配无线终端设备，实现信息实时无线传输。

（3）实时监控：可实时监控和查询任何一个终端机的使用、记录、工作情况等。

（4）便利性：系统管理中心统一完成系统设置和管理，用户仅凭一张卡即能实现相关功能，操作简单。

二、一卡通系统的分类及相关技术

一卡通系统根据不同的标准有不同的分类。

1. 根据不同使用场合，可以分为校园智能一卡通、小区智能一卡通、办公大楼智能一卡通、企业智能一卡通、酒店智能一卡通、智能大厦智能一卡通等。

2. 根据使用的行业性质，可以分为公用一卡通和民用一卡通。

（1）公用一卡通：一般由政府的单位发放，发卡量非常大，后台软件平台比较复杂，稳定性要求高，如公交卡、市民卡、社保卡、医疗卡等，广义地说，身份证也是公用一卡通的一种，只是仅限于公民的身份认证。

（2）民用一卡通：此类卡五花八门，如企业一卡通、居民小区一卡通、校园一卡通、消费一卡通、俱乐部会所一卡通等，一般应用于门禁、停车场管理、员工考勤就餐管理、会员消费管理、控水控电管理、学生上机管理、学校图书管理等。

3. 根据一卡通的介质，可以分为只读型一卡通和读写型一卡通。只读型一卡通，一般是通过读取卡上的 ID 号来实现身份认证，并在后台进行数据交互，如磁条卡、条码卡、载有 ID 号的 PVC 卡等；读写型一卡通，运用范围比较广泛，卡片即可作为身份认证，也可以进行写卡操作，如 IC 卡。

4. 按照工作原理及介质的不同，可以分为磁卡、ID 卡、IC 卡。

（1）磁卡。磁卡是一种磁记录介质卡片，利用磁性载体记录字符与数字信息，用来标识身份或其他用途。它由高强度、耐高温的塑料涂覆磁性材料制成，能防潮、耐磨且有一定的柔韧性，携带方便、使用较为稳定可靠。通常磁卡的一面印刷有指示性信息，如插卡方向等；另一面则有磁层或磁条，具有两三个磁道，记录有关数据信息。磁卡成本低，可以随时修改密码，使用相当方便。虽然磁卡有易被消磁的缺点，但仍然是目前较普及的卡片，如收费卡、预约卡、储蓄卡、信用卡等（如图 7 – 27 所示）。但磁卡与后来发展起来的 IC 卡相比有以下不足：信息存储量小、磁条易读出和伪造、保密性差，从而需要计算机网络或中央数据库的支持等。

图 7 – 27　磁卡

（2）ID 卡。ID 卡全称为身份识别卡（Identification Card），是一种不可写入的感应卡。ID 卡内仅含固定编号（卡号），无任何保密功能，其卡号是公开、裸露的。ID 卡无须内置电源，使用时无接触且寿命长，一般是门禁或停车场系统在识别使用者身份时所用（如图 7 – 28 所示）。

图 7 – 28　ID 卡

（3）IC 卡。IC 卡（Integrated Circuit Card），又称为集成电路卡。它将一个集成电路芯片镶嵌在塑料基片中，封装成卡的形式，利用集成电路的可存储特性，保存、读取和修改芯片上的信息。

IC 卡与磁卡的区别是：IC 卡是通过卡内的集成电路存储信息，而磁卡是通过卡内的磁介质记录信息。

与磁卡相比较，IC 卡的优点有存储容量大，安全保密性好，不易被复制，具有防磁、防静电、防机械损坏和防化学破坏等能力，信息保存年限长，使用寿命长，CPU 卡具有数据处理能力等；IC 卡的缺点是制造成本高。

IC 卡由于其信息安全、便于携带、比较完善的标准化等优点，被广泛应用于金融、交通、通信、医疗、身份证明、车场管理等方面，几乎涵盖所有的公共事业领域，如银行的电子钱包、手机 SIM 卡、公交卡、停车卡等。

根据通信接口的不同，IC 卡可分为接触式 IC 卡、非接触式 IC 卡和双界面卡。

1）接触式 IC 卡。接触式 IC 卡是由读/写设备的触点与卡上的触点相接触而接通电路进行数据的读/写。其芯片金属触点暴露在外，肉眼可以看见，通过芯片上的触点可与读写外界接触交换信息（如图 7－29 所示）。优点是存储容量大、安全保密性强、携带方便。主要应用于金融和通信等领域，如银行储值卡、宾馆房门卡、手机 SIM 卡、银行推广的金融 IC 卡等。

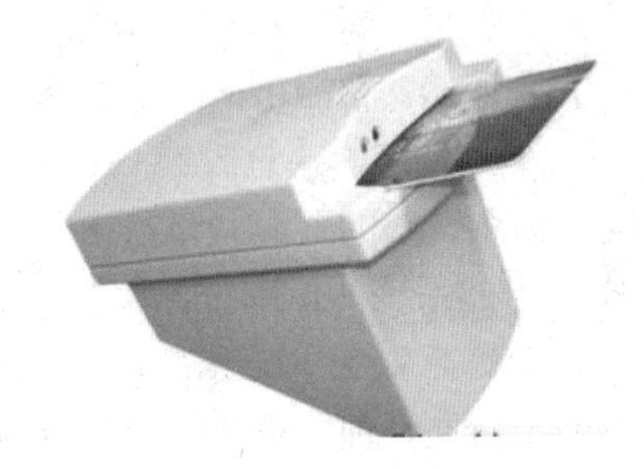

图 7－29　接触式 IC 卡

2）非接触式 IC 卡。非接触式 IC 卡又称射频卡，由芯片和感应天线组成，并完全密封在一个标准的 PVC 卡片中，无外露部分。非接触式 IC 卡与读卡器无电路接触，而是通过非接触式的读写技术进行读写（如光或无线技术），成功地解决了无源（卡中无电源）和免接触这一难题。其内嵌芯片除了 CPU、逻辑单元、存储单元外，增加了射频收发电路。通常用于公交收费、门禁、车场管理等需要“一晃而过”的场合。非接触式 IC 卡，因卡上无外露触点，不会造成污染、磨损等，提高了可靠性；因不需要进行卡的拔插，提高了操作的便利性和使用速度；因卡内数据读/写时经过了复杂的数据加密和严格授权，提高了安全性。

3）双界面卡。双界面卡是具有接触和非接触两种通信界面的卡片。它是基于单芯片的、集接触式与非接触式接口为一体的智能卡，它有两个操作界面，可以通过接触方式的触点访问芯片，也可以通过相隔一定距离以射频方式来访问芯片。卡片上有一个芯片、两个接口，通过接触界面和非接触界面都可以执行相同的操作。两个界面分别遵循两个不同的标准，接触界面符合 ISO/IEC 7816，非接触符合 ISO/IEC 14443。特别适用于使用环境恶劣，要求响应速度快、安全性高、功能需求复杂的场合。

前面介绍的卡，并不是都适合做一卡通的卡。作为一卡通的卡的前提条件是，可多分区，可进行分区密码校验，是具有多用性、兼容性、安全性、可靠性的智能卡。构造简单，只读不写，无区域、无防伪、不多用的卡，如磁卡、ID 卡以及一些不带 CPU 功能的卡是不适合做一卡通的。目前，一卡通系统多采用 IC 卡，其中 CPU 卡是其发展趋势。

IC 卡从射频卡技术逐渐发展到 CPU 卡阶段，除加密、存储、读取、改写外，并具有运算及动态加密功能。CPU 卡也称智能卡，在卡内的集成电路中带有微处理器、存储单元以及芯片操作系统。虽然其价格较高，但由于 CPU 卡有存储容量大、处理能力强、信息存储安全等特性，可广泛地应用于对信息安全性要求特别高的场合。目前中国人民银行规划的金融卡、国家质量技术监督局规划的组织机构代码证卡以及劳动和社会保障部规划的社会保障卡采用的都是 CPU 卡。CPU 卡将成为今后的主流。

手机 SIM/UIM 卡近年来与射频技术融合在一起，形成一个新的介质，即手机一卡通。

三、一卡通系统的应用

基于“信息共享、集中控制”的基本思想，一卡通被广泛应用于各行各业，如校园一卡通系统、企业一卡通系统、医保一卡通系统、银行一卡通系统、手机一卡通系统、城市一卡通系统、智能小区一卡通系统等。

1. 校园一卡通系统。通过校园各种信息资源的有机结合，可以避免重复投入，提高建设进度，为系统间的资源共享打下基础。

2. 企业一卡通系统。该系统涵盖员工在企业生活工作的方方面面，包括员工信息管理系统、饭堂就餐系统、娱乐消费系统、图书借阅系统、车辆出入系统和考勤管理系统等，既是员工信息管理的载体，也是企业后勤服务的重要设施系统。

3. 城市一卡通系统。它是城市数字化、信息化建设的一部分，其主要目标是建设全市通用的一卡通网络系统。

4. 医保一卡通系统。就像我们平常使用的银行卡，而与银行卡不同的是，医保卡上有我们的医保信息。参保人员使用医保一卡通可以即时结算医药费，无须再走报销程序。

5. 智能小区一卡通系统。该系统以非接触式智能卡为信息载体，以计算机网络为依托，使物业管理公司全面实现了小区科学化、自动化管理的现代管理手段。它可实现智能小区的停车场车辆出入管理、门禁管理、会员俱乐部管理、保安巡更管理，可实现代缴电话费、管理费、水费等费用管理，可实现内部员工管理等功能，对加强智能住宅小区的安全保卫、提高楼盘管理水平及提高住宅小区的形象有显著作用。

要点小结

电子巡查系统是安全防范系统的重要组成部分，也可称为电子巡更系统，是对巡查人员的巡查路线、方式及过程进行科学化、规范化管理和控制的电子系统，是安保管理中人防与技防的一种有效整合。

根据巡查信息传送到系统管理终端的方式，电子巡查系统的模式可分为离线式和在线式两大类。

电子巡查系统有两种管理模式：本地管理模式和联网管理模式。

电子巡查系统的主要产品有前端信息标志设备、数据载体、系统管理终端和系统软件等。

电子巡查系统的功能性要求是系统设计和验收的基本依据，主要包括硬件和软件两个方面。

停车场管理系统是对进、出停车场（库）的车辆自动进行登录、出入认证、监控和管理的电子系统或网络，其目的是对车辆进行有效的管理和控制，并进行自动计费管理。

停车场管理系统按系统的网络结构模式可分为前置型、联网型两种。

停车场管理系统主要由入/出口控制、库（场）内监控、中央管理/控制等部分组成。

停车场管理系统主要的产品包括数据识读设备、车辆检测设备、执行设备、现场信息显示设备等。

停车场管理系统的功能性要求主要包括车辆识别、状态控制与报警、计费、信息显示、信息存储、系统监控、安全管理等方面。

一卡通系统集射频技术、智能卡应用技术、计算机网络技术、自动控制技术于一体，使用户可以用同一张卡来实现不同的管理功能、用一张卡上通行多种设备。

一卡通系统的突出特点是一卡、一库、一网，即一条网络线连接一个数据库，通过一个综合性的软件实现设置 IC 卡、管理、查询等功能，实现整个系统的一卡通。

一卡通系统的优势是连通性、可扩展性、实时监控、便利性。

一卡通系统按照工作原理及介质的不同，可以分为磁卡、ID 卡、IC 卡。磁卡是一种磁记录介质卡片，用来标识身份等。ID 卡又称为身份识别卡，是一种不可写入的感应卡。IC 卡又称为集成电路卡，它利用集成电路保存、读取和修改芯片上的信息。

根据通信接口的不同，IC 卡可分为接触式 IC 卡、非接触式 IC 卡和双界面卡。

一卡通被广泛应用于各行各业，如校园一卡通系统、企业一卡通系统、医保一卡通系统、银行一卡通系统、手机一卡通系统、城市一卡通系统、智能小区一卡通系统等。

参考文献

[1] 黎连业:《安全防范工程设计与施工技术》,中国电力出版社 2008 年版。

[2] 汪光华:《安全技术防范基础》,高等教育出版社 2008 年版。

[3] 范晓莉、吕立波、杨世臣:《安全防范技术教程》,中国人民公安大学出版社 2005 年版。

[4] 中国就业培训技术指导中心:《安全防范系统安装维护员(基础知识)》,中国劳动与社会保障出版社 2010 年版。

[5] 朱益军:《安检与排爆》,群众出版社 2004 年版。

[6] 余训峰:《安全防范技术原理与应用》,法律出版社 2015 年版。

[7] 汪光华:《视频监控系统应用》,中国政法大学出版社 2009 年版。

[8] 雷玉堂:《视频安防监控实用技术》,电子工业出版社 2012 年版。

[9] 洪卫军:《安全防范系统与工程》,中国人民公安大学出版社 2006 年版。

[10] 欧日胜:《银行营业场所安全防范规范》,中国长安出版社 2005 年版。